Processos fermentativos para produção na indústria

Gabriele Kuhn Dupont
Isabela Karina Della-Flora

inter saberes

inter saberes

Rua Clara Vendramin, 58 | Mossunguê
CEP 81200-170 | Curitiba-PR | Brasil
Fone: (41) 2106-4170
www.intersaberes.com
editora@intersaberes.com

Conselho editorial
- Dr. Alexandre Coutinho Pagliarini
- Dr.ª Elena Godoy
- Dr. Neri dos Santos
- M.ª Maria Lúcia Prado Sabatella

Editora-chefe
- Lindsay Azambuja

Gerente editorial
- Ariadne Nunes Wenger

Assistente editorial
- Daniela Viroli Pereira Pinto

Preparação de originais
- Ana Maria Ziccardi

Edição de texto
- Letra & Língua Ltda.
- Monique Francis Fagundes Gonçalves
- Palavra do Editor

Capa e projeto gráfico
- Luana Machado Amaro (*design*)
- Parilov/Shutterstock (imagem)

Diagramação
- Muse design

Equipe de *design*
- Iná Trigo
- Luana Machado Amaro

Iconografia
- Regina Claudia Cruz Prestes
- Sandra Lopis da Silveira

Dados Internacionais de Catalogação na Publicação (CIP)
(Câmara Brasileira do Livro, SP, Brasil)

Dupont, Gabriele Kuhn
   Processos fermentativos para produção na indústria / Gabriele Kuhn Dupont, Isabela Karina Della-Flora. -- Curitiba, PR : InterSaberes, 2024. -- (Série química em processo)
   Bibliografia.
   ISBN 978-85-227-0762-1

   1. Alimentos 2. Bebidas alcoólicas 3. Fermentação 4. Microbiologia industrial 5. Tecnologia de alimentos I. Della-Flora, Isabela Karina. II. Título. III. Série.

23-164104   CDD-664.024

Índices para catálogo sistemático:

1. Fermentação : Tecnologia de alimentos   664.024

Cibele Maria Dias - Bibliotecária - CRB-8/9427

1ª edição, 2024.

Foi feito o depósito legal.

Informamos que é de inteira responsabilidade das autoras a emissão de conceitos.

Nenhuma parte desta publicação poderá ser reproduzida por qualquer meio ou forma sem a prévia autorização da Editora InterSaberes.

A violação dos direitos autorais é crime estabelecido na Lei n. 9.610/1998 e punido pelo art. 184 do Código Penal.

Sumário

Apresentação □ 5

Como aproveitar ao máximo este livro □ 8

Capítulo 1

Introdução à fermentação □ 12

1.1 Histórico dos processos fermentativos □ 13
1.2 Conceito de fermentação □ 15
1.3 Entendendo os processos fermentativos □ 16
1.4 Microrganismos responsáveis pela fermentação □ 19
1.5 Equipamentos para fermentação □ 24

Capítulo 2

Vias metabólicas fermentativas □ 32

2.1 Vias metabólicas dos microrganismos □ 33
2.2 Fermentação alcoólica □ 39
2.3 Fermentação acética □ 45
2.4 Fermentação lática □ 51
2.5 Outras vias fermentativas □ 56

Capítulo 3

Elementos e técnicas básicas em fermentação □ 71

3.1 Classificação dos processos fermentativos □ 72
3.2 Substratos utilizados industrialmente para fermentação □ 78
3.3 Fontes de microrganismos de interesse industrial □ 82
3.4 Controle microbiano e esterilização de equipamentos □ 88

Capítulo 4

Biorreatores □ 105

4.1 Variação de escala dos biorreatores □ 108
4.2 Biorreatores de células livres □ 112

4.3 Biorreatores de células imobilizadas ▫ 114
4.4 Forma de operação dos biorreatores: fermentação descontínua ▫ 116
4.5 Forma de operação dos biorreatores: fermentação descontínua alimentada ▫ 120
4.6 Forma de operação dos biorreatores: fermentação contínua ▫ 123

Capítulo 5
Produção de laticínios, pães, álcoois, ácidos e enzimas ▫ 133
5.1 Fermentação para a fabricação de produtos lácteos e pães ▫ 134
5.2 Produção de álcool em bebidas ▫ 150
5.3 Produção de ácido acético via fermentação ▫ 163
5.4 Produção de ácido cítrico e de ácido lático ▫ 169
5.5 Produção de enzimas associadas a processos alimentícios ▫ 178

Capítulo 6
Produção de bebidas alcoólicas ▫ 193
6.1 Produção de cervejas ▫ 194
6.2 Produção de vinhos ▫ 204
6.3 Produção de hidromel ▫ 214
6.4 Produção de sidra ▫ 218
6.5 Produção de bebidas destiladas ▫ 222

Ensaios finais ▫ 234
Referências ▫ 235
Matéria-prima comentada ▫ 238
Gabarito metabólico ▫ 241
Sobre as autoras ▫ 244

Apresentação

Esta obra foi elaborada na tentativa de suprir a demanda por um material abrangente e atualizado sobre os processos fermentativos para a produção de alimentos, bebidas, ácidos orgânicos e enzimas. Seu conteúdo destina-se a estudantes, professores e pesquisadores interessados em aprender e ampliar seus conhecimentos sobre os processos fermentativos na indústria. Esse segmento tem mostrado constante evolução, com a necessidade de desenvolver processos mais eficientes, sustentáveis e inovadores.

Na indústria, os processos fermentativos desempenham papel determinante na produção de alimentos, bebidas e produtos químicos. O conhecimento sobre eles é, portanto, relevante para o avanço científico, o desenvolvimento de novas tecnologias e a otimização dos processos industriais.

Os objetivos deste livro vão além de apenas explicar os processos fermentativos. Buscamos proporcionar uma experiência de aprendizado enriquecedora, oferecendo informações detalhadas sobre diferentes vias metabólicas de fermentação, microrganismos envolvidos, equipamentos utilizados e técnicas empregadas. Além disso, visamos compartilhar conhecimentos específicos sobre a produção de alimentos, bebidas, ácidos orgânicos e enzimas, contribuindo para a formação e o aprimoramento dos leitores e possibilitando que ampliem suas habilidades e conhecimentos nessa área.

Embora nossa abordagem seja predominantemente teórica, fundamentada em dados científicos e técnicos, os temas, organizados em seis capítulos, são complementados por descrições detalhadas sobre técnicas e procedimentos básicos, acompanhadas de exemplos práticos. Assim, buscamos equilibrar teoria e prática para uma compreensão abrangente e aprofundada dos processos fermentativos aplicados à indústria.

No Capítulo 1, como introdução, apresentamos a história e os principais aspectos da fermentação, explicando como ocorre o processo e quais são os microrganismos responsáveis e os equipamentos utilizados.

No Capítulo 2, abordamos as principais vias metabólicas de fermentação, os microrganismos envolvidos em cada processo e seus produtos.

No Capítulo 3, descrevemos os elementos e técnicas básicas dos processos fermentativos, sua classificação, a obtenção de microrganismos, os meios de cultivo, bem como as técnicas de controle microbiano e de esterilização de equipamentos.

No Capítulo 4, abordamos a variação de escala dos biorreatores e os biorreatores com células livres ou imobilizadas. Também analisamos as formas de operação, classificadas em descontínua, descontínua alimentada e contínua, ou ainda com ou sem reciclo.

No Capítulo 5, enfocamos os processos fermentativos para a produção de laticínios, pães, ácidos orgânicos, enzimas e também bebidas alcoólicas, seja por fermentação, seja por fermentação seguida de destilação.

No Capítulo 6, apresentamos a produção das principais bebidas alcoólicas fermentadas e destiladas, detalhando as matérias-primas empregadas, a etapa de fermentação, os microrganismos utilizados e os processos de destilação e purificação.

Esperamos que este livro amplie seus conhecimentos sobre os processos fermentativos, proporcionando uma ótima experiência de aprendizado!

Como aproveitar ao máximo este livro

Empregamos nesta obra recursos que visam enriquecer seu aprendizado, facilitar a compreensão dos conteúdos e tornar a leitura mais dinâmica. Conheça a seguir cada uma dessas ferramentas e saiba como estão distribuídas no decorrer deste livro para bem aproveitá-las.

O que será processado
Logo na abertura do capítulo, informamos os temas de estudo e os objetivos de aprendizagem que serão nele abrangidos, fazendo considerações preliminares sobre as temáticas em foco.

> A mudança da fermentação alcoólica para a gliceropirúvica ocorre, principalmente, pela necessidade de regeneração do NAD⁺ quando não é possível a redução do acetaldeído a etanol. Isso pode ser decorrente de: (i) indisponibilidade do acetaldeído, se estiver ligado ao sulfito; (ii) ausência ou baixa atividade da piruvato descarboxilase; e (iii) alta atividade da enzima aldeído desidrogenase (sob pH alcalino), que catalisa a reação de acetaldeído a acetato.
>
> **Reação interessante**
> No passado, entre as duas guerras mundiais, a fermentação gliceropirúvica era explorada industrialmente para a produção de glicerol, utilizado para a fabricação de explosivos de nitroglicerina. Esse processo fermentativo foi desenvolvido por Carl Alexander Neuberg durante a Primeira Guerra Mundial e pode ser considerado o primeiro exemplo de engenharia metabólica.
> Para direcionar e aumentar a produção de glicerol durante a fermentação alcoólica de açúcares, Neuberg propôs a adição de agentes direcionadores, como íons bissulfito, que formam um complexo estequiométrico com acetaldeído, levando à reoxidação do NADH e à consequente produção do glicerol (Semkiv et al., 2020).
> Após a Segunda Guerra Mundial, novos processos químicos para síntese do glicerol foram desenvolvidos. Por serem mais eficientes do que a fermentação gliceropirúvica, esta entrou em desuso.

Reação interessante
Nestes boxes, apresentamos informações complementares e interessantes relacionadas aos assuntos expostos no capítulo.

> A principal diferença entre as várias bebidas destiladas, que propicia suas particularidades no sabor e no aroma, é a matéria-prima utilizada em cada uma. Outra diferença marcante é o tempo de maturação: há as que envelhecem por longos períodos, como o uísque, e as que levam um tempo de maturação menor, como a cachaça.
> Além disso, o tipo de madeira dos barris para a maturação influencia as características de cada bebida. O tipo mais comum de recipiente para maturação são os barris de carvalho.
>
> **Em ebulição!**
> A maturação é um processo comum para as bebidas destiladas e significa envelhecimento, pois é um período em que as bebidas ficam em repouso, descansando. O tempo de maturação deve ser de, no mínimo, três a seis meses, mas pode durar por anos. A maturação ocorre em recipientes fechados, como os barris, cujas madeiras proporcionam às bebidas diferentes características de aroma, sabor e coloração.
>
> Durante a maturação, ocorrem diferentes processos químicos, como a oxidação dos aldeídos, que reduz o incômodo das vias nasais durante o consumo das bebidas; a adsorção das substâncias da madeira, que propicia diferentes características às bebidas; e o aumento da viscosidade das bebidas.
> A interação dos compostos da bebida com as fibras da madeira no decorrer do tempo de maturação proporciona à bebida maturada novos aroma, sabor e cor, os quais resultam em um caráter mais amadeirado e que é mais valorizado.

Em ebulição!
Apresentamos informações complementares a respeito do assunto que está sendo tratado.

Composição sintetizada
Ao final de cada capítulo, relacionamos as principais informações nele abordadas a fim de que você avalie as conclusões a que chegou, confirmando-as ou redefinindo-as.

Autotestes fermentativos
Apresentamos estas questões objetivas para que você verifique o grau de assimilação dos conceitos examinados, motivando-se a progredir em seus estudos.

Aprendizagens industriais

Aqui apresentamos questões que aproximam conhecimentos teóricos e práticos a fim de que você analise criticamente determinado assunto.

Matéria-prima comentada

Nesta seção, comentamos algumas obras de referência para o estudo dos temas examinados ao longo do livro.

Capítulo 1

Introdução à fermentação

Todos os seres vivos precisam de energia para que suas células desempenhem suas atividades vitais. Essa energia pode ser obtida por meio de fontes que contêm proteínas, carboidratos e vitaminas. Os seres humanos, por exemplo, realizam o processo de respiração por meio do oxigênio para produzir energia. Já os microrganismos, como as bactérias, realizam o processo de fermentação, sem oxigênio para produzir energia.

Neste capítulo, apresentaremos uma introdução sobre os processos fermentativos para produção na indústria.

1.1 Histórico dos processos fermentativos

A fermentação não é uma invenção da sociedade moderna; ela nasceu com a própria agricultura, há cerca de 12 mil anos. Embora não saibamos com precisão como ou quando começou a prática da fermentação, ela provavelmente surgiu aplicada a alimentos, e todas as evidências disponíveis sugerem que é uma parte muito antiga do desenvolvimento humano. Desde o início da transição do homem de caçador e coletor para agricultor, sementes e grãos foram utilizados como importante fonte de alimento. Especula-se que o descobrimento da fermentação de grãos tenha ocorrido nesse período, quando essas comunidades primitivas estocavam grãos como arroz, trigo e centeio, dando origem aos primeiros pães e cervejas (Wood, 2016).

Por meio de sua fermentação, muitos alimentos passaram a ser utilizados como matéria-prima para outros alimentos, como o leite, por exemplo. Em algum momento, o problema da pouca durabilidade do leite em temperatura ambiente foi contornado com o reconhecimento de que, quando fermentado, estado conhecido como "azedamento" na época, era possível produzir iogurtes e queijos, que podiam ser armazenados por períodos mais longos. Mesmo que mais rudimentar, a fermentação surgiu como uma forma de conservar os alimentos por mais tempo (Martin; Lindner, 2022).

As primeiras bebidas alcoólicas fermentadas foram produzidas por meio de cevada, tâmaras, uvas e mel. A cerveja, provavelmente, teve origem na região da Mesopotâmia, onde havia a cevada selvagem. Já a cevada maltada foi utilizada na produção de cerveja na região da Babilônia, 6 mil anos antes de Cristo (Venturini Filho, 2016).

No Brasil, os processos fermentativos estão presentes desde o período do descobrimento, provavelmente iniciados na Capitania de São Vicente, onde foi construído o primeiro engenho de açúcar, com a chegada das primeiras mudas de cana-de-açúcar ao país. Como onde havia indústria de açúcar existia álcool, por meio do melaço da cana-de-açúcar se produzia cachaça e por meio da garapa fermentada se produzia aguardente, que passava ainda pelo processo de destilação (Lima, 2001).

Até o final do século XIX, o álcool produzido era destinado apenas para bebidas, mas, a partir desse período, começou-se a produzir etanol como combustível, utilizando-se as sobras do melaço das indústrias açucareiras.

Nesse período, nos países da Europa, como Alemanha e França, investia-se muito no desenvolvimento dos processos de fermentação e de destilação. Em tais países, o álcool produzido também era empregado para fins farmacêuticos e para a produção de outros produtos químicos.

Durante a Primeira Guerra Mundial (1914-1918), a produção fermentativa de álcool como combustível foi desenvolvida e ampliada para atender à demanda dos motores à explosão. Em 1931, no Brasil, pelo Decreto n. 19.717, de 20 de fevereiro, tornou-se obrigatória a adição de 5% de etanol à gasolina (Brasil, 1931). Com a Segunda Guerra Mundial (1939-1945), faltou gasolina como combustível, e o etanol passou a substituí-la parcial ou totalmente.

Em 1974, com a crise do petróleo, automóveis movidos apenas a etanol começaram a ser utilizados no Brasil. Diante disso, houve um importante desenvolvimento dos processos fermentativos e das destilarias, e as plantações de cana-de-açúcar foram ampliadas.

Atualmente, de acordo com a Portaria n. 75, de 5 de março de 2015, do Ministério da Agricultura, Pecuária e Abastecimento, o teor de etanol anidro na gasolina comum é de 27% em volume e de 25% para gasolina *premium* (Brasil, 2015).

1.2 Conceito de fermentação

O pesquisador francês Louis Pasteur, considerado o pai da microbiologia, sugeriu o verbo *fermentar*, que, no latim *fermentare*, significa "ferver", para denominar a grande quantidade de gás gerado durante a fermentação nos caldeirões e que parecia ser uma grande solução em ebulição.

Na bioquímica, a palavra *fermentação* nomeia o processo anaeróbico (ausência de oxigênio) que gera ATP (adenosina trifosfato), energia química em que compostos orgânicos trabalham como doadores e aceptores de elétrons. Como essa definição não abrangeria todos os processos fermentativos, principalmente os aeróbicos, em 2019, especialistas chegaram a uma nova definição, mais abrangente: *fermentação* é um processo que produz fermentados por meio do crescimento microbiano desejado, pelas conversões enzimáticas das matérias-primas empregadas (Martin; Lindner, 2022).

A fermentação, portanto, é o processo pelo qual substratos são convertidos em produtos como resultado do crescimento e das atividades metabólicas de microrganismos. A utilização de processos fermentativos na indústria nada mais é do que uma replicação controlada de processos que ocorrem espontaneamente na natureza.

1.3 Entendendo os processos fermentativos

Com base no conhecimento dos processos fermentativos que os microrganismos desenvolvem e dos produtos que deles podem ser originados, foi possível desenvolver sua aplicação industrial e usar células para produção de interesse econômico, utilizando-se os processos fermentativos em diversos setores, como os de alimentos, de bebidas, de produtos farmacêuticos e de produtos cosméticos.

Durante a fermentação, ocorrem o cultivo das células e a produção de novas células pelos microrganismos. Os **microrganismos** consomem **nutrientes** e **substratos**, que são a matéria-prima adicionada ao reator para cultivar e **produzir energia**, **bioprodutos** e mais **células**. A fermentação pode ser representada pela Equação 1.1, conforme descrito em Fogler (2014).

Equação 1.1

$$[\text{células}] + [\text{fonte de C, N, O, fosfatos...}] \xrightarrow{\text{Condições operacionais (pH, temperatura, ...)}} [\text{mais células}] + \\ + [\text{produtos}] + [H_2O] + [CO_2]$$

Essa representação, geralmente, é encontrada na forma da Equação 1.2, em que são indicados um substrato na presença de células e a produção de mais células e produtos.

Equação 1.2

$$\text{Substrato} \xrightarrow{\text{Células}} \text{Mais células} + \text{Produtos}$$

Na indústria, a fermentação ocorre em equipamentos chamados *fermentadores*, *reatores* ou *biorreatores*. Neles, o crescimento do processo é autocatalítico, ou seja, quanto maior for a concentração de células, maior será a velocidade de crescimento celular e de consumo de substratos, que são os nutrientes.

Figura 1.1 – Esquema geral de um processo fermentativo

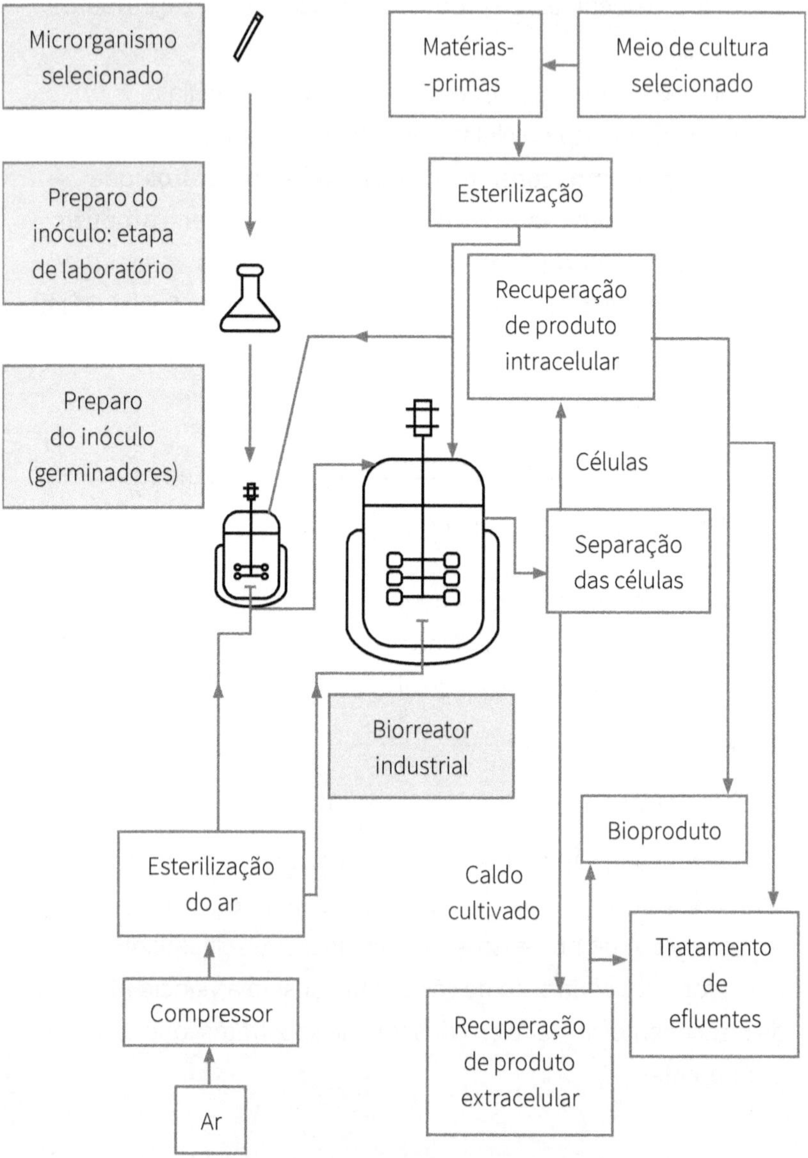

Fonte: Schmidell, 2021, p. 22.

A fermentação deve ocorrer em condições controladas de pH, temperatura, agitação e com fonte suficiente de nutrientes, como carbono e nitrogênio. A variação das condições de cultivo interfere diretamente nos mecanismos bioquímicos intracelulares, que promovem uma produção mais rápida, mais lenta, maior ou menor dos produtos.

Portanto, testar diferentes condições de operação pode influenciar a velocidade de produção no biorreator.

1.4 Microrganismos responsáveis pela fermentação

Na fermentação, ocorrem diversas reações químicas e biológicas na presença de microrganismos que transformam a matéria-prima dentro de seu citoplasma celular, com o objetivo de fornecer energia para seu citoplasma. Os microrganismos trabalham como catalisadores de grande parte das reações, por meio de sua atividade metabólica ou de enzimas secretadas.

Para a fermentação, pode ser utilizado apenas um substrato que é fermentado por um único microrganismo ou pode ser utilizado um complexo de substratos e diversos microrganismos, como bactérias, fungos e leveduras, que trabalham em simbiose.

O ataque de bactérias e fungos aos alimentos é visto como a deterioração e a perda das propriedades alimentares, porém, em alguns casos, essas mudanças podem produzir melhorias no sabor, no odor e na textura. Foi assim que a fermentação passou a fazer parte da produção de alimentos.

Além de melhorias sensoriais, a fermentação controlada traz benefícios nutricionais aos alimentos. Estudos mostraram que mesmo fermentações simples de grãos de cereais básicos com a microflora nativa (principalmente bactérias do ácido lático) geram aumentos significativos nos níveis de algumas vitaminas do complexo B (Wood, 2016).

A fermentação pode ainda facilitar a digestão de alimentos ricos em proteínas, pois elas são degradadas/metabolizadas pelos microrganismos, bem como eliminar substâncias tóxicas, como a lactose (no caso de pessoas intolerantes a essa substância), pela fermentação do leite, como no caso do iogurte.

Todavia, a fermentação é, principalmente, uma forma de estabilização e conservação de alimentos, pois ela é capaz de eliminar microrganismos patogênicos e prevenir deteriorações indesejadas. O descobrimento da fermentação como forma de preservação de alimentos foi indispensável para a humanidade, quando pensamos em tempos em que não havia métodos como a refrigeração ou o congelamento de alimentos.

Conforme o tipo de microrganismo empregado, considerando-se a grande variedade existente, serão produzidos fermentados com diferentes perfis sensoriais, funcionalidades e características físico-químicas. Além disso, os microrganismos atuam de maneira diferente ou são inativados, dependendo dos parâmetros do meio de fermentação, como pH, temperatura, agitação ou a presença de compostos inibitórios. Por isso, é essencial conhecer o microrganismo a ser empregado na fermentação e seguir um controle dos parâmetros do processo para que se obtenha um ambiente favorável ao microrganismo e aos produtos de interesse.

Há uma grande variedade de processos fermentativos realizados em indústrias químicas para a produção de ácidos, álcoois e enzimas, sendo muito empregados na indústria de alimentos e bebidas. Além disso, existem algumas características do microrganismo que são desejáveis para a sua aplicação em processos fermentativos, principalmente no nível industrial, como:

1. Ter elevada eficiência de atuação na conversão do substrato em produto.
2. Não produzir substâncias incompatíveis com o produto desejado.
3. Não ser patogênico.
4. Ter constância no comportamento fisiológico.
5. Possibilitar rápida liberação do produto no meio e seu acúmulo no caldo fermentativo.
6. Não requerer meio e condições de cultivo onerosas.

No Quadro 1.1, indicamos alguns microrganismos que são utilizados na indústria.

Quadro 1.1 – Microrganismos utilizados na indústria

Microrganismo	Espécie	Aplicação
Bactéria	Acetobacter aceti	Produção de ácido acético
	Bacillus subtilis	Produção de bacitracina
	Clostridium butylicum	Produção do butanol
	Lactobacillus casei	Produção do ácido lático a partir do leite
	Lactobacillus delbrueckki	Produção do ácido lático a partir do melaço
	Pseudomonas aeruginosa	Produção de piocianase e liberação de fibras vegetais como o linho
Actinomiceto (filo do domínio das bactérias)	Streptomyces griseus	Produção de estreptomicina
	Streptomyces olivaceus	Produção de vitamina B12
	Streptomyces rimosus	Produção de oxitetraciclina
Fungo	Aspergillus niger	Produção de ácido cítrico e amilase
	Penicillium notatum	Produção de penicilina
	Rhizopus oryzae	Produção de amilases

(continua)

(Quadro 1.1 – conclusão)

Microrganismo	Espécie	Aplicação
Levedura (reino dos fungos)	*Kloeckera apiculata*	Produção de ésteres que dão sabor aos vinhos
	Saccharomyces cerevisiae	Produção de etanol
	Torula utilis	Rica em gorduras e proteínas. Utilizada na fabricação de farinhas

Fonte: Elaborado com base em Matos, 2014.

Além disso, os processos fermentativos podem necessitar apenas de um microrganismo ou de um consórcio de microrganismos, o qual atuará simultaneamente ou em sequência para chegar ao produto desejado. Esses microrganismos podem estar naturalmente presentes no substrato/matéria-prima ou podem ser adicionados após a esterilização da matéria-prima. Em escala industrial, geralmente se faz a esterilização do material e se adiciona uma cepa de um microrganismo específico e selecionado para a fermentação desejada, o que é chamado de *inóculo*.

1.5 Equipamentos para fermentação

Fermentadores, reatores e biorreatores são equipamentos destinados a processos biológicos, como os fermentativos, em que é possível operar com biocatalisadores, ou seja, com células, enzimas e microrganismos. De modo específico, quando um biorreator trabalha com enzimas, é nomeado *biorreator enzimático*, onde ocorrem reações químicas catalisadas pelas enzimas, que são catalisadores biológicos.

Biorreatores são equipamentos complexos nos quais são inseridos os componentes que passarão por uma reação química e biológica. Esses equipamentos reacionais, conforme ilustrado na Figura 1.2, são sistemas que permitem o controle de temperatura, sendo envoltos por uma jaqueta por onde passa um fluido de aquecimento ou de resfriamento, de acordo com a temperatura necessária.

Eles também podem permitir o controle de homogeneização por meio de agitadores mecânicos ou magnéticos, que dependem da viscosidade do meio reacional e do tamanho do biorreator, além de controlar outras variáveis do processo, como pH e oxigênio dissolvido.

Figura 1.2 – Estrutura de um reator

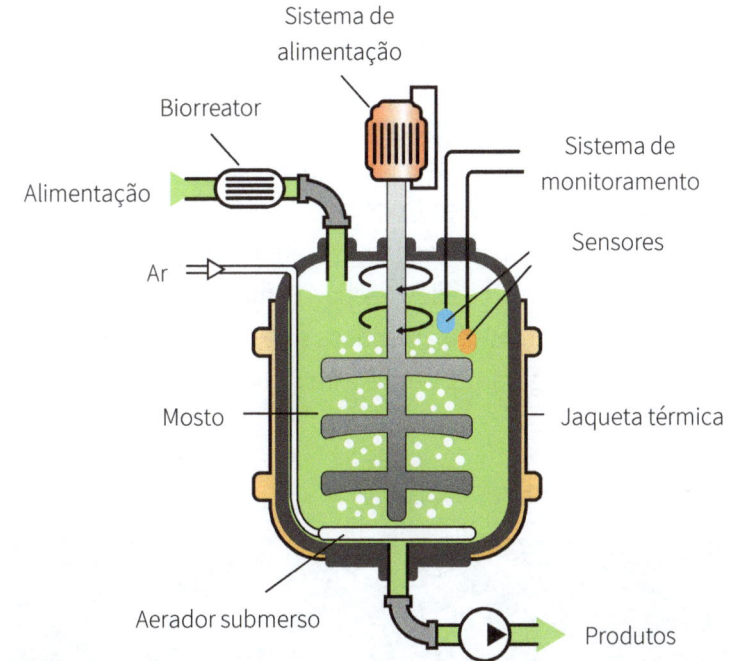

[Figura: Estrutura de um biorreator, com indicações de Sistema de alimentação, Biorreator, Sistema de monitoramento, Alimentação, Sensores, Ar, Mosto, Jaqueta térmica, Aerador submerso e Produtos.]

Ali DM/Shutterstock

Os primeiros processos realizados em biorreatores ocorreram na primeira metade do século XX, com a produção de ácido cítrico em 1923 e, posteriormente, com a produção de ácido acético e penicilina em 1941, por empresas farmacêuticas como a Pfizer. A partir do desenvolvimento de antibióticos, enzimas, vacinas e outros fármacos, houve um grande progresso na fabricação de biorreatores.

Inicialmente, os produtos criados em biorreatores eram o que as células naturalmente produziam, como etanol por meio de leveduras, antibióticos e enzimas por meio de fungos filamentosos, ácidos orgânicos por meio de bactérias. Pouco tempo depois, foram desenvolvidas pesquisas para a produção de compostos de diferentes naturezas por microrganismos, com a utilização de modificações genéticas.

Os biorreatores têm, de modo geral, uma configuração cilíndrica e são produzidos de materiais como vidro e/ou aço inoxidável, os quais são assépticos e de fácil limpeza e durabilidade. Na Figura 1.3, vemos a imagem de biorreatores utilizados na indústria

Figura 1.3 – Biorreatores industriais

Cagkan Sayin/Shutterstock

Composição sintetizada

Atualmente, desfrutamos de uma ampla variedade de produtos de processos fermentativos, alguns já bem consolidados e outros ainda em fase de testagem e desenvolvimento.

Para os processos fermentativos, podem ser utilizadas diferentes matérias-primas, além de uma infinidade de microrganismos, como bactérias, fungos e leveduras. Esse processo, às vezes, pode conter apenas um substrato que é fermentado por um único microrganismo ou um complexo de substratos e diversos microrganismos que trabalham em simbiose.

De maneira geral, a fermentação ocorre em um equipamento principal, os fermentadores, onde os microrganismos consomem os substratos e os nutrientes para produzir o produto de interesse e mais células.

Autotestes fermentativos

1. A fermentação para a produção de alimentos pelo homem é um processo que surgiu:
   a) durante a Primeira Guerra Mundial.
   b) na Idade Média.
   c) cerca de 12 mil anos atrás, quando os primeiros homens iniciaram o cultivo de grãos.
   d) na década de 1980.
   e) após os anos 2000.

2. Assinale a alternativa com o conceito mais abrangente de fermentação:
   a) A fermentação é um processo anaeróbico que gera ATP por meio do crescimento microbiano desejado.
   b) A fermentação é um processo que envolve a conversão enzimática de compostos orgânicos em ATP.
   c) A fermentação é um processo que ocorre apenas em caldeirões, gerando grande quantidade de gás em ebulição.
   d) A fermentação é um processo que produz fermentados por meio do crescimento microbiano desejado, pelas conversões enzimáticas das matérias-primas empregadas.
   e) A fermentação é um processo de replicação controlada de processos espontâneos na natureza.

3. Assinale a alternativa **incorreta** sobre as vantagens do uso de processos fermentativos para a produção de alimentos:
   a) Melhoria nas propriedades sensoriais: a fermentação pode resultar em produtos com sabores, aromas e texturas únicas e desejáveis, contribuindo para a diversidade e a qualidade dos alimentos.
   b) Aumento do teor de conservantes químicos nos alimentos: a fermentação aumenta o teor do conservante utilizado, como ácido sórbico e sorbato de potássio, o que permite o armazenamento desses produtos por muito tempo.
   c) Aumento do valor nutricional: alguns alimentos fermentados têm seu valor nutricional aprimorado durante o processo de fermentação, como a produção de vitamina C na fermentação de vegetais e a produção de vitamina B 12 em alimentos fermentados à base de soja.

d) Preservação de alimentos: a fermentação pode ser uma forma eficaz de preservar alimentos, permitindo o armazenamento prolongado, sem a necessidade de refrigeração ou de aditivos químicos.

e) Digestibilidade: a fermentação pode melhorar a digestibilidade de certos alimentos, como no caso da fermentação de grãos ou da produção de iogurte, quando as bactérias transformam compostos complexos em substâncias mais facilmente assimiláveis pelo organismo.

4. Existem algumas características desejáveis para microrganismos aplicados em processos fermentativos, principalmente no âmbito industrial. Nesse sentido, analise as afirmações a seguir e indique V para as verdadeiras e F para as falsas.

( ) Ter elevada eficiência de atuação na conversão do substrato em produto.
( ) Não ser patogênico.
( ) Produzir mais de um produto, diminuindo a conversão do substrato no produto final desejado.
( ) Não requerer meio e condições de cultivo onerosas.
( ) Ser intolerante a altas concentrações do produto.

Agora, assinale a alternativa que apresenta a sequência correta:

a) F, F, F, V, V.
b) V, F, V, F, F.
c) V, V, F, V, F.
d) V, V, F, F, F.
e) F, V, V, F, V.

5. Avalie as afirmações a seguir sobre o processo de fermentação que ocorre nos biorreatores.

   I. Durante a fermentação, ocorrem o cultivo das células e a produção de novas células e de produtos.

   II. O crescimento nos biorreatores é autocatalítico, de maneira que, quanto menor for a concentração de células, menor será a velocidade de crescimento celular e de consumo de substratos.

   III. Diferentes condições de operação do biorreator podem influenciar a velocidade de produção e a produtividade.

   Assinale a alternativa correta:

   a) Apenas a afirmativa I é verdadeira.
   b) Apenas a afirmativa II é verdadeira.
   c) Apenas a afirmativa III é verdadeira.
   d) Apenas as afirmativas I e II são verdadeiras.
   e) Apenas as afirmativas I e III são verdadeiras.
   f) Apenas as afirmativas II e III são verdadeiras.

Aprendizagens industriais

Destilações reflexivas

1. Com base em seu entendimento de como são fabricados os produtos fermentados, reflita sobre quantos e quais alimentos ou bebidas que você consome são produzidos por meio de processos fermentativos. Elabore um texto escrito para registrar sua reflexão.

2. Tendo em vista que os microrganismos são responsáveis pela produção de alimentos de nosso consumo diário, avalie como os microrganismos podem ser, ao mesmo tempo, benéficos e prejudiciais à nossa saúde. Elabore um texto escrito com sua avaliação e compartilhe suas conclusões com seu grupo de estudos.

Prática concentrada

1. Faça um levantamento dos produtos fermentados que você consome, como alimentos e bebidas, e identifique, por meio da análise dos rótulos ou de uma pesquisa bibliográfica, quais microrganismos são utilizados para a fermentação desses produtos. Elabore uma explanação sobre o tema.

Capítulo 2

Vias metabólicas fermentativas

Neste capítulo, vamos mergulhar nas principais vias metabólicas aplicadas a processos industriais, um conjunto intrincado de processos bioquímicos que desempenham papel essencial nos processos fermentativos.

Nosso objetivo é desvendar os segredos da produção de compostos desejados e fundamentar o conhecimento sobre as vias metabólicas. Esse conhecimento possibilita otimizar os processos fermentativos industriais e obter rendimentos mais eficientes e produtos com mais qualidade.

Compreender esse tema permite explorar abordagens inovadoras, aproveitando os avanços tecnológicos e científicos para impulsionar a eficiência e a rentabilidade dos processos fermentativos.

2.1 Vias metabólicas dos microrganismos

O metabolismo é o conjunto de todas as reações bioquímicas que se processam nas células dos microrganismos ao mesmo tempo e sucessivamente. O produto gerado nas reações metabólicas são os metabólitos, que passam a ser substrato para a próxima reação. Dessa maneira, as séries contínuas e conectadas de reações bioquímicas se constituem nas **vias metabólicas**.

Essas reações são altamente organizadas para que os microrganismos conservem energia proveniente de sua oxidação e tenham energia para as reações de biossíntese que ocorrerão durante seu desenvolvimento e atuação para a geração de outros produtos.

A **energia** consiste em uma grandeza física que indica a capacidade de gerar mudanças em um sistema. Durante o metabolismo, existem dois tipos de energia: (1) a energia eletroquímica, uma variação de concentração de íons dos dois lados de uma membrana que gera uma diferença de potencial elétrico, capaz de realizar trabalho; e (2) a energia química, presente na forma de moléculas fornecedoras de energia, como a **ATP** (adenosina trifosfato), que fornecem energia para movimentar as reações químicas por meio da transferência de grupos com ligações covalentes instáveis, como polifosfatos e coenzima A (CoA).

A energia química pode ser obtida por meio da oxidação ou de compostos orgânicos, como glicose e outros açúcares, ou de compostos inorgânicos, como H_2S e NH^{4-}.

No metabolismo, são liberados ou recebidos prótons (H^+) junto com os elétrons. Os elétrons são obtidos por meio de reações de oxidação-redução, nas quais elétrons são liberados (oxidação) ou recebidos (redução). Em alguns microrganismos, as reações de oxidação responsáveis pela geração do gradiente eletroquímico também liberam elétrons que movimentam cadeias transportadoras.

O fluxo de elétrons pode ser direcionado a uma cadeia respiratória pela ação de cofatores reduzidos, como nicotinamida adenina dinucleotídeo (NADH) e flavina adenina dinucleotídeo ($FADH_2$), que captam os elétrons liberados pela oxidação da molécula orgânica.

Ao final da cadeia, há um **aceptor final de elétrons**, cuja diferença no potencial de redução com o doador determinará a quantidade de energia a ser obtida. O aceptor final de elétrons pode ser tanto **oxigênio** (respiração aeróbica) quanto **outros compostos** (respiração anaeróbica).

Uma alternativa às cadeias respiratórias, quando estas não são viáveis, é a reoxidação dos cofatores reduzidos. Por exemplo, a glicose pode ser oxidada a piruvato pela via metabólica chamada *glicólise*. Ao final desta, duas moléculas de NADH estarão na forma reduzida. Em vez de doar esses elétrons a uma cadeia respiratória, eles são doados a metabólitos, formando os produtos da fermentação.

No processo denominado *fermentação*, a produção de energia ocorre por meio da oxidação/catabolismo de glicose ou de outras fontes de carbono, em que o poder redutor formado no metabolismo é oxidado em uma reação na qual o aceptor final de elétrons é um **metabólito**, como o piruvato e o acetaldeído.

A catabolização de um substrato ocorre, principalmente, pela via metabólica de **Embden-Meyerhoff-Parnas (EMP)**, também chamada de *via glicolítica*, e pela de **Entner-Doudoroff (ED)**. A glicólise ocorre no citoplasma da célula, quando é gerado o piruvato, que, depois, é decomposto a dióxido de carbono (CO_2) e água (H_2O).

Após a etapa da glicólise, pode ocorrer a respiração aeróbica, que é dividida em duas partes. Para isso, o piruvato é transportado para dentro da mitocôndria da célula, onde é convertido em acetil-CoA, um grupo acetila fixado ao cofator da enzima, denominado *coenzima A*, que é derivado do ácido pantotênico (vitamina B5). A reação produz uma molécula de dióxido de carbono e converte uma molécula de NAD^+ em NADH, como ilustra a Figura 2.1.

Figura 2.1 – Conversão do piruvato em acetil-CoA

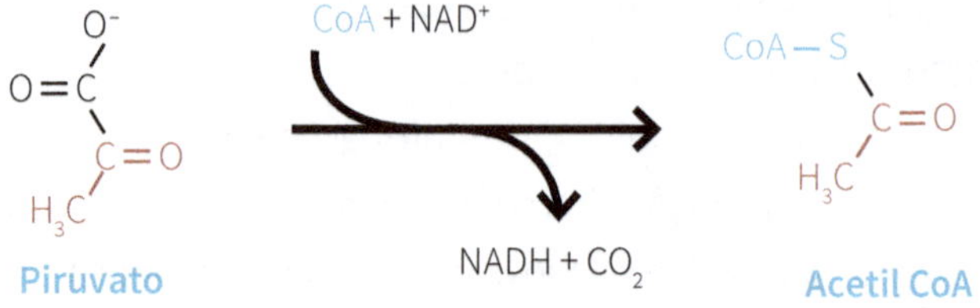

$$\text{Piruvato} \xrightarrow{\text{CoA + NAD}^+ \quad / \quad \text{NADH + CO}_2} \text{Acetil CoA}$$

Fonte: Brown, 2018, p. 162.

Na primeira parte da respiração aeróbica, o acetil-CoA entra no ciclo de Krebs (também chamado de *ciclo do tricarboxílico – TCA* ou de *ciclo ácido cítrico*), que ocorre no interior das mitocôndrias e é uma via circular, constituída de oito etapas, em que um dos substratos, o oxaloacetato, é produzido no final de cada giro do ciclo.

O papel principal do ciclo de Krebs é produzir energia, porque, a cada última etapa, são produzidas uma molécula de ATP, três de NADH e uma de $FADH_2$ para cada molécula inicial de piruvato.

A segunda parte da respiração aeróbica é constituída pela cadeia de transporte de elétrons, que oxida as moléculas de NADH e de $FADH_2$, produzindo moléculas adicionais de ATPs.

Como podemos observar na Figura 2.2, enquanto a oxidação completa de 1 mol de glicose a CO_2 por meio da fosforilação oxidativa (**respiração aeróbica** – com O_2) gera até 38 mol de ATP, a **fermentação** produz apenas alguns mols de ATP (1-3) por mol de glicose.

Assim, a recuperação de energia da fermentação é bastante baixa em comparação com a obtida pela respiração. Além disso, varia dependendo do substrato inicial e do próprio processo de fermentação.

Figura 2.2 – Fermentação e respiração aeróbica

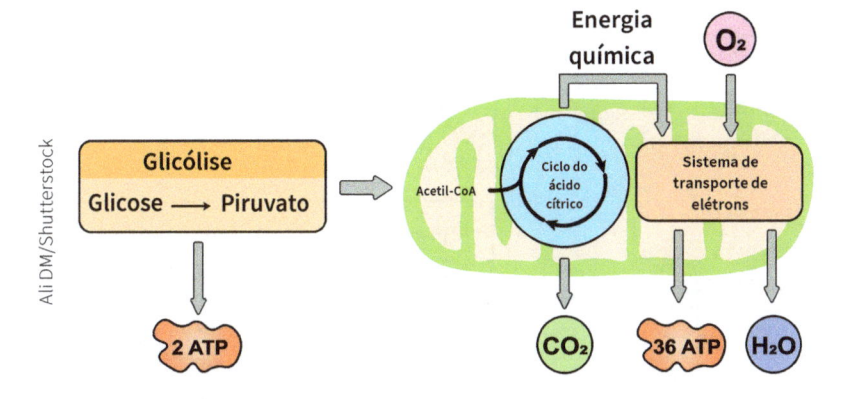

É importante notar que a fermentação não é sinônimo de **respiração anaeróbica** (que acontece na ausência de oxigênio). Na falta de oxigênio, ocorre a respiração anaeróbica, porém a fermentação, apesar de muitas vezes ser desencadeada por baixas concentrações de oxigênio, também pode ocorrer na presença de oxigênio.

Durante a respiração anaeróbica, a glicólise segue a cadeia de transporte de elétrons e o ciclo de Krebs; em contraste, durante a fermentação, a glicólise não segue a cadeia de transporte de elétrons e o ciclo do ácido cítrico.

Na respiração anaeróbica, a produção total de ATP é 36; já na fermentação, a produção total de ATP é de 1 a 3. Portanto, respiração aeróbica, respiração anaeróbica e fermentação são processos distintos, como representado na Figura 2.3.

Figura 2.3 – Biodiversidade metabólica entre microrganismos

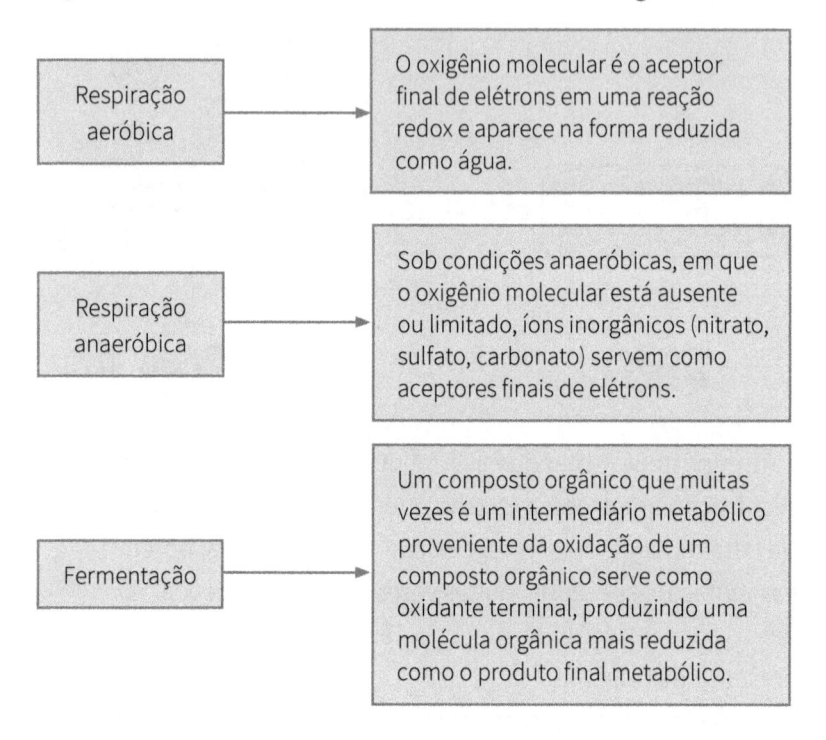

Respiração aeróbica	→	O oxigênio molecular é o aceptor final de elétrons em uma reação redox e aparece na forma reduzida como água.
Respiração anaeróbica	→	Sob condições anaeróbicas, em que o oxigênio molecular está ausente ou limitado, íons inorgânicos (nitrato, sulfato, carbonato) servem como aceptores finais de elétrons.
Fermentação	→	Um composto orgânico que muitas vezes é um intermediário metabólico proveniente da oxidação de um composto orgânico serve como oxidante terminal, produzindo uma molécula orgânica mais reduzida como o produto final metabólico.

A ecologia dos processos fermentativos é particularmente complicada em razão da capacidade de diferentes organismos de fermentar uma infinidade de substratos sob diferentes condições ambientais. A fermentação é feita em ambientes atóxicos por microrganismos anaeróbicos estritos ou por microrganismos anaeróbicos facultativos, embora alguns microrganismos microaerófilos ou anaeróbicos facultativos também sejam capazes de desenvolver o processo de fermentação na presença de oxigênio.

2.2 Fermentação alcoólica

A fermentação alcoólica é um dos mais conhecidos e aplicados entre os processos fermentativos. Possível de ser desenvolvida por diversos microrganismos, como fungos filamentosos, leveduras e bactérias, ela é utilizada não só para a produção de álcool, mas também para a estabilização e a conservação de substratos ricos em açúcares, como frutos, sucos e vegetais.

A primeira etapa da via da fermentação alcoólica, como ilustrado na Figura 2.4, envolve o piruvato, que é formado por leveduras por meio da via EMP, ou é obtido por meio da via ED no caso de bactérias *Zymomonas mobilis*.

Na etapa seguinte, o piruvato é descarboxilado a acetaldeído em uma reação que é catalisada pela enzima piruvato descarboxilase.

A equação balanceada da fermentação alcoólica por meio de uma molécula de glicose é:

Equação 2.1

Glicose + 2ADP + 2Piruvato → 2Etanol + 2CO_2 + 2ATP + 2H_2O

O equilíbrio redox da fermentação etanoica é alcançado pela regeneração do NADþ durante a redução do acetaldeído a etanol, que é catalisado pelo álcool desidrogenase. O rendimento de ATP da fermentação alcoólica é de 1 ou 2 mol de ATP por mol de glicose oxidada pelas vias ED e EMP, respectivamente.

A espécie bacteriana mais importante capaz de desenvolver a fermentação alcoólica é a *Zymomonas mobilis*, cujo *habitat* é a linfa de árvores tropicais, como a palmeira, de onde foi originalmente isolada. A bactéria *Z. mobilis* foi proposta e utilizada como iniciador para a produção de etanol em nível industrial, embora, atualmente, a fermentação alcoólica por meio de levedura seja mais conhecida e tenha sido mais investigada.

Figura 2.4 – Fermentação alcoólica

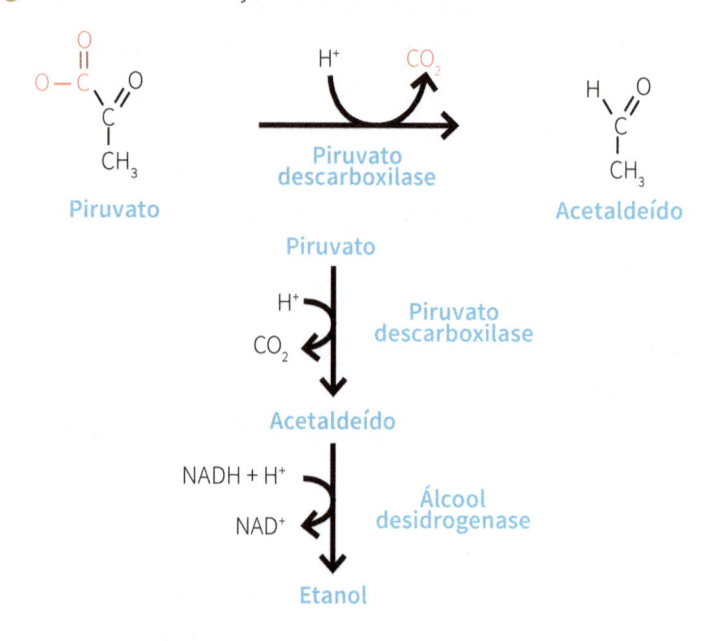

Piruvato → (Piruvato descarboxilase, H^+, CO_2) → Acetaldeído

Piruvato
↓ Piruvato descarboxilase (H^+, CO_2)
Acetaldeído
↓ Álcool desidrogenase ($NADH + H^+$, NAD^+)
Etanol

Fonte: Brown, 2018, p. 162.

Na indústria, as leveduras são usadas, principalmente, para a produção de bebidas alcoólicas e alimentos como o pão. A espécie *Saccharomyces cerevisiae* é a mais relevante do ponto de vista econômico e largamente utilizada na indústria de fermentação para produção de cervejas, vinhos e pão.

O que torna a *Saccharomyces cerevisiae* tão importante são algumas características essenciais para o sucesso de um microrganismo fermentador na indústria: (i) seu ciclo de vida é curto e seu crescimento é rápido, ou seja, ela se reproduz rapidamente em condições adequadas, permitindo a produção em grande escala em um curto período de tempo; (ii) ela sobrevive e continua fermentando em ambientes com alto teor de álcool, o que é fundamental para a produção de bebidas alcoólicas com teor alcoólico mais elevado; (iii) é um microrganismo considerado seguro para consumo humano e que é amplamente estudado e compreendido, o que facilita o manuseio e o controle durante os processos industriais.

Apesar de o pão não ser um alimento alcoólico, em sua fabricação é utilizado o processo de fermentação pela levedura *Saccharomyces cerevisiae* para a produção de CO_2, cuja função é aerar a massa. Além disso, enzimas produzidas durante essa fermentação contribuem para a textura e a extensibilidade da massa. O álcool produzido durante o processo de fermentação do pão é evaporado quando a massa é assada.

Para a produção de bebidas alcoólicas, de maneira simplificada, o microrganismo desenvolve a fermentação de mono e dissacarídeos (glicose, frutose e sacarose) a etanol.

Para a fermentação de frutos doces (frutas*), os açúcares estão prontamente disponíveis para serem fermentados, porém, para a fermentação de grãos, como na produção de cerveja,

---

*   Nesta obra, na maior parte das ocorrências, usamos o termo botânico *fruto* em vez do termo popular *fruta* para fazer referência aos frutos doces.

a disponibilidade de açúcares é baixa. Diante disso, é necessário, primeiramente, degradar amido a açúcares fermentescíveis.

A primeira estratégia para degradação do amido é usar enzimas, que são formadas durante a germinação de sementes de cereais. Germinada e, posteriormente, seca, a semente é chamada de *malte*, que contém α-amilase (enzima de liquefação do amido), β-amilase (enzima que libera maltose do amido e suas dextrinas), proteases, fosfatases e outras enzimas essenciais para a liberação de nutrientes para a muda jovem em crescimento.

Há outra estratégia baseada no uso de enzima que, em vez de enzimas do próprio cereal, utiliza fungos. Nessa estratégia, o cereal passa por processos de cozimento para gelatinizar o amido, que é, então, degradado por um fungo em processo aeróbico (presença de oxigênio), que separa as moléculas de glicose do amido e as moléculas de dextrina. Como resultado, pode ocorrer um forte acúmulo de glicose (aproximadamente 25% de peso por volume). Assim que os açúcares fermentáveis ficam disponíveis, as leveduras começam a assimilá-los e a crescer, passando, por fim, a produzir etanol.

A fermentação alcoólica de frutos doces, como o cacau, e de sucos de frutos, como mosto de uva e suco de maçã, é feita por diferentes microrganismos que agem de modo equânime. A fermentação do substrato é realizada, primeiramente, pela levedura apiculada (*Hanseniaspora*), que é seguida pela levedura elíptica (*Saccharomyces*).

Outras leveduras fermentadoras atribuídas aos gêneros *Candida*, *Kluyveromyces*, *Metschnikowia*, *Pichia*, *Saccharomycodes*, *Torulaspora* e *Zygosaccharomyces* também são encontradas, às vezes, durante a fermentação alcoólica natural.

Figura 2.5 – Fermentação alcoólica e desvio do álcool para fermentação gliceropirúvica

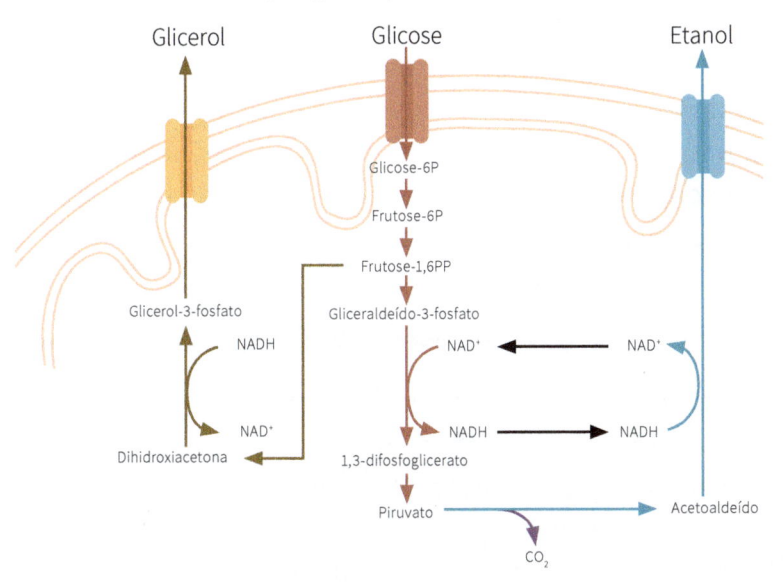

A fermentação gliceropirúvica, ilustrada na Figura 2.5, é sempre concomitante à fermentação alcoólica, embora envolva uma porcentagem muito baixa de açúcar (5-8%). No entanto, sob condições particulares de fermentação, algumas espécies de leveduras osmotolerantes, como *Torulopsis magnoliae, Torulopsis bombicola* e *Candida stellata*, e outras leveduras fermentadoras, como *S. cerevisiae*, podem fermentar açúcar para produzir glicerol e, por exemplo, acetaldeído, ácido acético, acetoína, 2,3-butanodiol e ácido succínico, todos compostos que podem ser derivados do piruvato.

A mudança da fermentação alcoólica para a gliceropirúvica ocorre, principalmente, pela necessidade de regeneração do NAD^+ quando não é possível a redução do acetaldeído a etanol. Isso pode ser decorrente de: (i) indisponibilidade do acetaldeído, se estiver ligado ao sulfito; (ii) ausência ou baixa atividade da piruvato descarboxilase; e (iii) alta atividade da enzima aldeído desidrogenase (sob pH alcalino), que catalisa a reação de acetaldeído a acetato.

Reação interessante

No passado, entre as duas guerras mundiais, a fermentação gliceropirúvica era explorada industrialmente para a produção de glicerol, utilizado para a fabricação de explosivos de nitroglicerina. Esse processo fermentativo foi desenvolvido por Carl Alexander Neuberg durante a Primeira Guerra Mundial e pode ser considerado o primeiro exemplo de engenharia metabólica.

Para direcionar e aumentar a produção de glicerol durante a fermentação alcoólica de açúcares, Neuberg propôs a adição de agentes direcionadores, como íons bissulfito, que formam um complexo estequiométrico com acetaldeído, levando à reoxidação do NADH e à consequente produção do glicerol (Semkiv et al., 2020).

Após a Segunda Guerra Mundial, novos processos químicos para síntese do glicerol foram desenvolvidos. Por serem mais eficientes do que a fermentação gliceropirúvica, esta entrou em desuso.

2.3 Fermentação acética

O ácido acético é conhecido como o principal ingrediente do vinagre, que é consumido desde que a arte da vinificação é praticada. O ácido acético é um importante reagente químico, utilizado na produção de polietileno tereftalato para garrafas de refrigerantes, acetato de celulose para filme fotográfico e acetato de polivinila para cola de madeira, além de fibras e tecidos sintéticos. Nas residências, o ácido acético diluído é frequentemente usado em agentes desincrustantes. Na indústria alimentícia, o ácido acético é empregado como aditivo alimentar.

Na Seção 5.3, abordaremos o processo de produção do vinagre e do ácido acético por métodos fermentativos com mais detalhes. Atualmente, o método químico sintético à base de derivados de petróleo é o mais utilizado para a produção comercial de ácido acético. A via fermentativa de produção do ácido acético corresponde a apenas 10% da produção total mundial e é usada basicamente para a produção de vinagre (Xu; Shi; Jiang, 2011).

A via fermentativa não é utilizada para a produção de ácido acético comercial porque os processos de *downstream* (separação e purificação após a produção) são mais custosos do que na via de produção química, visto que ainda não existe uma tecnologia em nível comercial para separar o ácido acético do meio de fermentação que faça com que a fermentação seja economicamente competitiva com o processo químico.

A via fermentativa ainda é utilizada para produção de vinagre porque, em muitos países, a legislação exige que o ácido acético para consumo humano seja de fonte biológica, e não química.

Na fermentação, o ácido acético é produzido pela via metabólica de oxidação do etanol. Para isso, inicialmente, o etanol (C_2H_5OH) é convertido a acetaldeído (CH_3COH), como expresso na Equação 2.2, pela enzima álcool desidrogenase. Posteriormente, a enzima acetaldeído desidrogenase converte o acetaldeído a ácido acético (CH_3COOH), como expresso na Equação 2.3.

Equação 2.2

$$C_2H_5OH + \frac{1}{2}O_2 \rightarrow CH_3COH + H_2O$$

Equação 2.3

$$CH_3COH + \frac{1}{2}O_2 \rightarrow CH_3COOH + H_2O$$

2.3.1 Via metabólica do ácido acético

Apesar de ser chamada de *fermentação acética*, a transformação do etanol em ácido acético não é bioquimicamente uma fermentação, e sim um processo de oxidação. Esse processo envolve duas etapas de oxidação: na primeira, o etanol é oxidado a acetaldeído e, na segunda, o acetaldeído é oxidado a ácido acético. O final desse processo requer um aceptor de elétrons, sendo o oxigênio molecular o mais comum.

As duas etapas de oxidação do etanol a ácido acético que ocorrem nas bactérias do ácido acético (BAA) usam duas quinoproteínas ligadas à membrana: a etanol desidrogenase e a acetaldeído desidrogenase.

Na Figura 2.6, ilustramos o processo de oxidação que ocorre até a formação do ácido acético.

Essa oxidação do etanol ocorre em toda as BAA, exceto no gênero *Asaia*. Além do conjunto de desidrogenases ligadas à membrana que catalisam oxidações irreversíveis, um segundo conjunto de desidrogenases, usando nicotinamida adenina dinucleotídeo (fosfato) NAD(P) como cofator, está localizado no citoplasma.

Essas enzimas solúveis convertem substratos semelhantes, ou os mesmos que suas contrapartes, ligados à membrana nas reações reversíveis. Contudo, esse processo também pode ocorrer em ambientes sem oxigênio, em que o ácido acético é formado por dismutação de duas moléculas de acetaldeído, derivado, por sua vez, do álcool por oxidação.

Os dois principais gêneros de BAA para fermentações aeróbicas de ácido acético são *Acetobacter* e *Gluconobacter*. Membros do gênero BAA *Acetobacter* foram historicamente diferenciados daqueles do gênero *Gluconobacter* pela preferência pelo etanol e pela habilidade de superoxidar acetato a CO_2, geralmente quando o etanol está esgotado.

A taxonomia das BAA passou por muitas mudanças nos últimos anos. Vários gêneros e espécies de BAA foram descritos recentemente, atualmente classificados em 10 gêneros e 44 espécies, a saber: *Acetobacter* (16 espécies), *Gluconobacter* (5 espécies), *Acidomonas* (1 espécie), *Gluconacetobacter* (15 espécies), *Asaia* (3 espécies), *Kozakia* (1 espécie), *Saccharibacter* (1 espécie), *Swaminathania* (1 espécie), *Neosaia* (1 espécie) e *Granulibacter* (1 espécie), na família

Acetobacteraceae como um ramo das bactérias acidófilas na subdivisão das proteobactérias.

As espécies foram diferenciadas com base na morfologia da película em meio fluido, em sua reação de iodo e em inúmeras características moleculares, como hibridizações DNA-NA e impressões digitais genômicas baseadas na reação em cadeia da polimerase (PCR).

Figura 2.6 – Processo aeróbico de oxidação do etanol a ácido acético por BAA

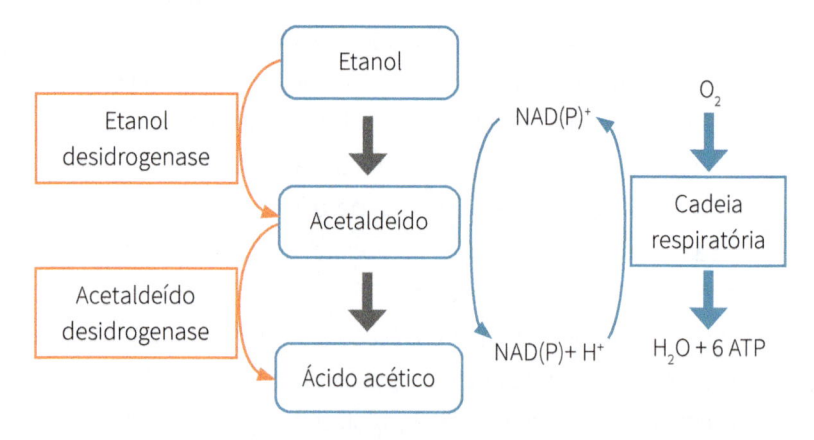

```
                    Etanol
                       |
  Etanol               v           NAD(P)+        O₂
  desidrogenase  -->  Acetaldeído       )          |
                       |               (      Cadeia
                       v                )     respiratória
  Acetaldeído    -->  Ácido acético    (          |
  desidrogenase                      NAD(P)+ H+   v
                                                H₂O + 6 ATP
```

O genoma publicado da cepa 621H de *Gluconobacter oxydans* permite a reconstrução do metabolismo único dos *suboxidans* típicos, o que indica que as BAA não podem oxidar completamente o acetato a CO_2 em razão da falta de um ciclo completo de ácido tricarboxílico (TCA), bem como as enzimas necessárias para uma derivação de ácido glioxílico.

Alguns grupos de microrganismos podem oxidar ácido acético por outras vias metabólicas por meio de um substrato como o açúcar, em vez de utilizar o álcool. Nesse caso, a fermentação ocorre na ausência de oxigênio e pode ser considerada uma via anaeróbica; por esse motivo, é uma via menos eficiente e que produz menos ATP do que a via aeróbica.

O grupo *suboxidans* prefere *habitat* ricos em açúcar, enquanto o grupo *peroxydans* prefere nichos enriquecidos com álcool e é capaz de oxidar lentamente o acetato completamente a CO_2 após o esgotamento das fontes primárias de carbono. Tradicionalmente, as BAA do grupo *peroxydans* são atribuídas ao gênero *Acetobacter*, e novos gêneros também foram adicionados a esse grupo no decorrer do tempo.

Em *Acetobacter*, embora alguma quantidade de ácido acético seja produzida pelo metabolismo de carboidratos, a maior parte é sintetizada pela oxidação do etanol. Duas enzimas ligadas à membrana – álcool desidrogenase e aldeído desidrogenase – estão envolvidas nessa conversão.

A álcool desidrogenase oxida o etanol a acetaldeído, que é posteriormente oxidado a ácido acético pela aldeído desidrogenase. A pirroloquinolina (PQQ) faz parte das desidrogenases ligadas à membrana. Ao contrário de muitos outros microrganismos que usam NAD^+ como coenzima, *Acetobacter* usa PQQ como o aceptor de hidrogênio preferido que transfere elétrons gerados por meio dessas reações.

Inicialmente, os elétrons são transferidos para a ubiquinona, que será reoxidada por uma oxidase associada à membrana. Eventualmente, o oxigênio é o aceptor final de elétrons, resultando na formação de H_2O e em uma força motriz de prótons, necessária para a produção de energia por meio de uma adenosina trifosfatase ligada à membrana (ATPase). Dessa forma, acredita-se que as BAA tenham necessidade absoluta de oxigênio, sendo, portanto, microrganismos descritos como aeróbicos obrigatórios.

Há relatos de que as proteínas aconitase e o transportador putativo ATP-*binding cassette* (ABC), derivado de *Acetobacter aceti*, aumentaram sua resistência ao ácido acético e, assim, fornecem uma alta concentração de ácido acético no vinagre.

As BAA matam organismos concorrentes secretando ácido acético, uma membrana-ácido orgânico permeável que acidifica o citoplasma de microrganismos suscetíveis, envenenando-os e interrompendo seus gradientes de prótons.

Durante esse processo, o citoplasma de *A. aceti* também se torna ácido, mas as células continuam crescendo e oxidando etanol, mesmo quando o pH citoplasmático fica tão baixo quanto 3,7.

A oxidação acética pode ocorrer concomitantemente a outras fermentações/oxidações, o que leva à formação de subprodutos como etano, acetaldeído, formato de etila, acetato de etila, acetato de isopentila e butanol (Plessi, 2003). Esses subprodutos e suas concentrações variam de acordo com os microrganismos e as condições da fermentação e são responsáveis por produzir sabores e odores específicos, afetando as propriedades sensoriais de alimentos como o vinagre (Plessi, 2003).

A oxidação ou fermentação acética é uma boa estratégia para conservar alimentos, pois a secreção do ácido acético inibe o crescimento de microrganismos indesejáveis ou patogênicos.

A oxidação acética, no entanto, pode ser um problema na indústria, porque, durante a produção de produtos ricos em álcool, como vinhos, sidras e cervejas, a contaminação por BAA pode afetar negativamente o sabor, o aroma e a qualidade geral do produto, prejudicando sua comercialização.

Além disso, a oxidação acética pode levar à redução do teor alcoólico, o que é indesejável para bebidas que devem ter um teor alcoólico específico.

2.4 Fermentação lática

As bactérias fermentadoras de ácido lático estão presentes em ambientes bem específicos, com baixa concentração de oxigênio, como intestino de animais, cavidade oral humana, trato gastrointestinal, fezes e também na silagem*, em bebidas e em alimentos como carnes fermentadas e laticínios.

As bactérias láticas têm um metabolismo limitado e necessitam de aminoácidos pré-formados, vitaminas do grupo B, purinas e pirimidinas para seu crescimento. Quando encontram um ambiente abundante nessas moléculas, as bactérias rapidamente crescem e dominam o ambiente, fermentando

---

* Produto do processo de ensilagem, em que forragens, como milho e cana-de-açúcar, são armazenadas picadas e na ausência de oxigênio para que ocorra um processo de fermentação e a consequente queda do pH, principalmente pela produção de ácido lático. A queda do pH permite a conservação da forragem e mantém seu valor nutricional por mais tempo do que no caso da forragem natural.

o ácido lático e diminuindo o pH do meio para cerca de 4,0. Isso inibe o crescimento da maioria dos demais microrganismos. Essa capacidade de acidificar o meio e a consequente eliminação dos demais microrganismos fizeram com que a fermentação lática se tornasse uma das formas mais difundidas de conservação de produtos alimentícios, como é o caso do iogurte e de queijos, por exemplo.

Dependendo da via utilizada para a oxidação da glicose, a fermentação lática pode resultar na produção de lactato (fermentação homolática); de lactato, etanol/acetato e CO_2 (fermentação heterolática); ou de lactato e acetato (derivação bífida).

A fermentação do ácido lático ocorre por meio de bactérias láticas e bifidobactérias, por algumas espécies de *Bacillus*, alguns protozoários e mofos de água, bem como pelas células do músculo esquelético humano. No caso dos humanos, podemos sentir quando nossos músculos estão com falta de oxigênio e começam a produzir energia por meio da fermentação lática, pois esse processo provoca dor, que chamamos de *cãibra*.

A fermentação lática também ocorre durante a fermentação do chucrute e em outras fermentações de pães de origem vegetal e azeda, além de exercer funções importantes na maturação de salsichas.

A derivação bífida ocorre, principalmente, no intestino grosso humano e animal, onde as bifidobactérias estão entre os grupos microbianos mais abundantes.

2.4.1 Fermentação homolática

A fermentação homolática é feita por bactérias pertencentes aos gêneros *Lactococcus*, *Enterococcus*, *Streptococcus* e *Pediococcus* e por algumas espécies do gênero *Lactobacillus*.

Todas essas bactérias podem converter açúcar em ácido lático via glicólise. A enzima lactato desidrogenase (LDH) catalisa a última etapa dessa fermentação; em particular, ao transferir hidrogênio do NADH para o piruvato, o LDH leva à redução do piruvato e à reoxidação do NADH, com a produção de D- ou L-lactato.

A formação de ATP é acoplada à produção de piruvato, e o rendimento de ATP da fermentação homolática é de 2 mol por mol de glicose oxidada (Figura 2.7). O comportamento homolático não é obrigatório, mas depende do tipo de açúcar, da taxa de fluxo glicolítico e das condições de crescimento.

De maneira geral, o piruvato produzido na via glicolítica é reduzido e transformado em lactato na reação catalisada pela enzima lactato desidrogenase. Cada glicose gera duas moléculas de piruvato e, consequentemente, dois lactatos são produzidos, conforme a equação global da reação, indicada a seguir.

Equação 2.4

$$\text{Glicose} + 2\text{ADP} + 2\text{Piruvato} \rightarrow 2\text{Lactato} + 2\text{ATP} + 2\text{H}_2\text{O}$$

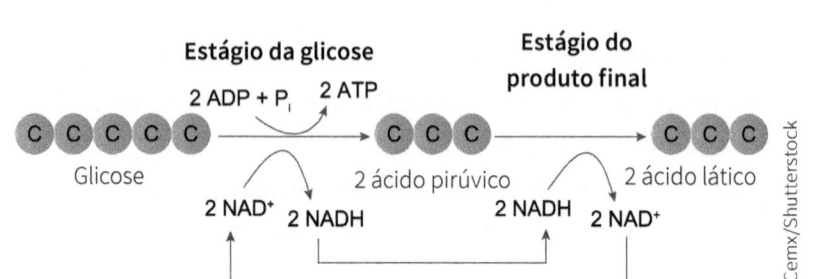

Figura 2.7 – Fermentação ácido lática

```
        Estágio da glicose              Estágio do
              2 ADP + Pᵢ   2 ATP        produto final
  C C C C C ─────────↘──────→ C C C ─────────↘─────→ C C C
   Glicose        ↗       2 ácido pirúvico    ↗    2 ácido lático
           2 NAD⁺  2 NADH              2 NADH  2 NAD⁺
```
Cemx/Shutterstock

Algumas bactérias homofermentativas podem catabolizar a glicose de modo heterofermentativo ou fazer fermentação de ácido misto quando o fluxo glicolítico é baixo, diminuindo ou aumentando o rendimento de ATP por mol de glicose, respectivamente.

2.4.2 Fermentação heterolática

A fermentação heterolática ocorre, principalmente, por meio de bactérias dos gêneros *Leuconostoc*, *Oenococcus* e *Weissella* e de lactobacilos heterofermentativos.

Em bactérias heterofermentativas obrigatórias, não ocorre glicólise em decorrência da falta de aldolase, a enzima que decompõe a frutose 1,6-bifosfato em gliceraldeído 3-fosfato e diidroxiacetona fosfato. A glicose 6-fosfato é oxidada a 6-fosfogluconato, e a fermentação ocorre pela via da fosfocetolase.

A fermentação heterolática também pode ocorrer por meio de bactérias homofermentativas facultativas. Os produtos dessa fermentação são o lactato, o etanol e o CO_2, mas o acetato também pode ser produzido. Os produtos formados e a proporção entre eles dependem das condições ambientais e do substrato envolvido.

Em certas condições, como limitação de carbono e aerobiose, algumas espécies de bactérias do ácido lático (BAL) podem direcionar o piruvato para a formação de produtos diferentes do lactato.

O rendimento de ATP é de 1 mol por mol de glicose; assim, o metabolismo heterolático produz menos energia do que a fermentação homolática, conforme a equação geral da reação, indicada a seguir.

Equação 2.5

Glicose + ADP + Piruvato → Etanol + Lactato + ATP + CO_2

Existe também a fermentação de ácido lático de *Bifidobacterium*, tipo de fermentação lática que abordaremos na próxima seção.

2.4.3 Fermentação de ácido lático de *Bifidobacterium*

Esse tipo de fermentação lática é exclusivo de bactérias Gram-positivas pertencentes ao gênero *Bifidobacterium*. Essas bactérias são encontradas, principalmente, no trato intestinal de animais de sangue quente e são reconhecidas como probióticas.

De fato, ajudam na manutenção da composição equilibrada da microflora intestinal e exercem efeitos positivos na saúde e no bem-estar do hospedeiro. O rendimento de ATP é de 5 mol por 2 mol de glicose, sendo, pois, superior ao da fermentação homolática.

As bifidobactérias não têm aldolase e glicose-6-fosfato desidrogenase; elas fermentam a hexose por meio de uma via de fosfocetolase que é conhecida como *shunt bífido*, na qual os produtos são ácido acético e ácido lático em uma proporção molar de 3:2.

A enzima-chave na derivação bífida é a frutose-6-fosfato fosfocetolase (F6PPK), que converte frutose 6-fosfato em acetil 1-fosfato e eritrose 4-fosfato. O rendimento de ATP é de 5 mol por 2 mol de glicose, portanto superior ao da fermentação homolática.

2.5 Outras vias fermentativas

Além das fermentações mais conhecidas, como a alcoólica e a lática, existem outras formas que desempenham papel importante na obtenção de produtos diversos. Nesta seção, apresentaremos as fermentações do ácido propiônico, de ácido misto, do ácido butírico e do butanodiol, bem como a malolática.

Embora esses processos fermentativos sejam relevantes na obtenção de certos produtos, eles não são comumente utilizados na indústria em comparação com as fermentações mais tradicionais, como a alcoólica e a lática, em razão da especificidade dos microrganismos envolvidos e das condições de crescimento necessárias para sua efetivação.

Além disso, a demanda do mercado e as preferências dos consumidores, geralmente, direcionam a produção em larga escala para os alimentos fermentados mais populares. No entanto, essas fermentações menos usuais desempenham papel importante em certos produtos alimentícios específicos e podem, com o auxílio de pesquisa e de desenvolvimento de novos processos, tornar-se processos aplicados em larga escala.

2.5.1 Fermentação do ácido propiônico

O ácido propiônico é um ácido carboxílico de ocorrência natural, utilizado na indústria para diferentes fins: como conservante em rações animais e alimentos, na composição de herbicidas, na síntese de fibras de celulose, em produtos farmacêuticos, entre outras aplicações.

O ácido propiônico pode ser produzido por meio da fermentação propiônica ou por meio de síntese química com derivados de petróleo. O baixo rendimento do ácido propiônico por fermentação impede que a via biológica de produção seja economicamente competitiva, fazendo com que grande parte do ácido propiônico produzido seja sintético.

Algumas das dificuldades na produção de ácido propiônico via fermentação são a produção concomitante de ácido acético, que reduz o rendimento do ácido propiônico, e a baixa concentração final do produto, em virtude da inibição das bactérias produzidas pelo próprio ácido propiônico, o que chamamos de *inibição pelo produto*.

A fermentação do ácido propiônico é feita por várias bactérias que pertencem ao gênero *Propionibacterium* e à espécie *Clostridium propionicum*. Durante a fermentação do ácido propiônico, tanto o açúcar quanto o lactato podem ser usados como substrato inicial.

Quando o açúcar está disponível, essas bactérias usam a via EMP para produzir piruvato, que é carboxilado a oxalacetato por metil malonil coenzima A (CoA) e, então, reduzido a propionato via malato, fumarato e succinato. Os outros produtos finais da fermentação propiônica são o ácido acético e o CO_2.

Em particular, a fermentação do ácido propiônico de 3 mol de glicose produz 4 mol de ácido propiônico, 2 mol de ácido acético, 2 mol de CO_2 e 12 mol de ATP.

Figura 2.8 – Fermentação propiônica utilizando glicose e lactato como substrato

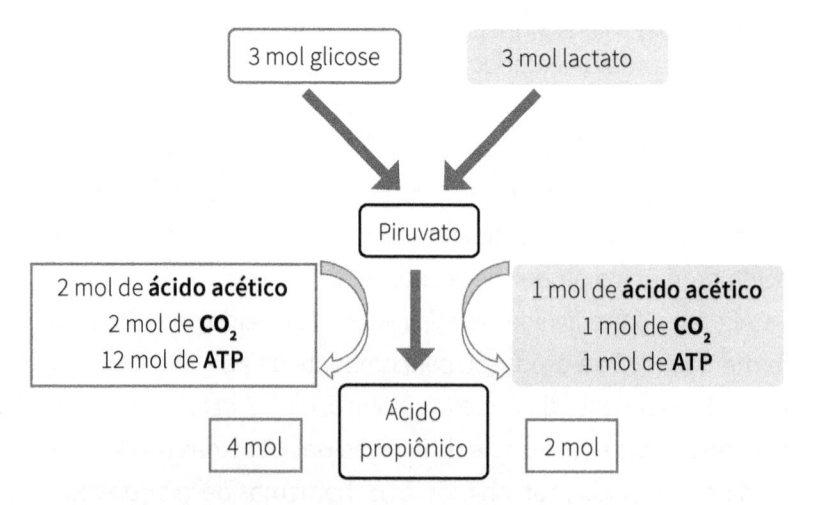

```
                  ┌─────────────┐     ┌─────────────┐
                  │ 3 mol glicose│     │ 3 mol lactato│
                  └─────────────┘     └─────────────┘
                          │                  │
                          ▼                  ▼
                       ┌──────────┐
                       │ Piruvato │
                       └──────────┘
┌──────────────────────┐              ┌──────────────────────┐
│ 2 mol de ácido acético│              │ 1 mol de ácido acético│
│ 2 mol de CO₂          │              │ 1 mol de CO₂          │
│ 12 mol de ATP         │              │ 1 mol de ATP          │
└──────────────────────┘              └──────────────────────┘
              ┌───────┐  ┌──────────┐  ┌───────┐
              │ 4 mol │  │  Ácido   │  │ 2 mol │
              │       │  │propiônico│  │       │
              └───────┘  └──────────┘  └───────┘
```

Quando o lactato é o substrato inicial, a fermentação propiônica resulta na produção de 2 mol de ácido propiônico, 1 mol de ácido acético e 1 mol de CO_2. Nesse processo, 1 mol de ATP é gerado por nove carbonos e, em razão disso, as bactérias propiônicas, em geral, crescem muito lentamente.

O *habitat* natural típico da *Propionibacterium* são o rúmen, o trato intestinal dos animais e a pele dos mamíferos. Essa bactéria também coloniza o queijo durante a saturação. Embora sua atividade metabólica deva ser evitada durante a maturação da maioria dos queijos, ela é necessária para a produção de alguns produtos típicos, como o queijo tipo suíço (Emmental), no qual ocorrem duas fermentações sucessivas.

Durante a fabricação desse queijo, as bactérias do ácido lático convertem a lactose em lactato e, durante o amadurecimento, as bactérias do ácido propiônico convertem o lactato em ácido propiônico, ácido acético e CO_2. O CO_2 é responsável pela formação do "olho", e o ácido propiônico promove o sabor típico de noz desse queijo tipo suíço.

A capacidade de usar lactato é particularmente relevante para a distribuição ecológica de bactérias fermentadoras de ácido propiônico, que podem usar o produto final da fermentação lática.

2.5.2 Fermentação de ácido misto

A fermentação de ácido misto é característica das *Enterobacteriaceae* atribuídas aos gêneros *Citrobacter*, *Escherichia*, *Proteus*, *Salmonella*, *Shigella*, *Yersinia* e *Vibrio* e de algumas espécies de *Aeromonas*, bem como de alguns fungos anaeróbicos.

Esse grupo metabólico inclui microrganismos com ecologia e impacto diferentes nas atividades humanas. Alguns deles fazem parte da microflora intestinal normal de mamíferos e de outros vertebrados (*E. coli*) e têm papel na colonização de lignocelulósicos no rúmen (*Neocallimastix*). Alguns outros são patógenos responsáveis por doenças humanas e de animais, podendo ser abundantes em ambientes aquáticos e terrestres.

Esses microrganismos podem fermentar monossacarídeos, dissacarídeos, poliálcool e, menos frequentemente, polissacarídeos pela via glicolítica, produzindo os ácidos lático, fórmico, succínico, acético e etanol. As quantidades finais de cada produto variam dependendo do microrganismo e das condições de crescimento; no entanto, a proporção de produtos ácidos para neutros é de 4:1.

A fermentação ácida mista também resulta na produção de quantidades equimolares de CO_2 e H_2 quando feita por bactérias com o complexo formiato-hidrogênio-liase.

As enzimas piruvato formiato-liase e LDH – que controlam a entrada na fermentação de ácido misto – são reguladas negativamente pelo oxigênio; assim, a fermentação de ácido misto requer condições anaeróbicas para ocorrer. É por isso que o *habitat* natural do microrganismo que realiza a fermentação ácida mista é o aparelho gastroentérico.

O rendimento de ATP da fermentação de ácido misto é de cerca de 2,5 mol de ATP por mol de glicose.

2.5.3 Fermentação do ácido butírico e do butanodiol

A fermentação do ácido butírico é característica de várias bactérias anaeróbicas obrigatórias que pertencem, principalmente, ao gênero *Clostridium*. Por meio da glicólise, elas são capazes de oxidar o açúcar e, ocasionalmente, a amilose e a pectina em piruvato. O piruvato, por sua vez, é oxidado a acetil-CoA pelo sistema enzimático piruvato-ferredoxina oxidorredutase, com a produção de CO_2 e H_2.

Parte da acetil-CoA é convertida em ácido acético, com produção de ATP. A outra parte gera acetoacetil-CoA, que é reduzido a butiril-CoA por meio da produção de oxibutiril-CoA e crotonil-CoA.

A transformação de butiril-CoA em butirato leva a uma maior produção de ATP. Assim, esse processo de fermentação produz um rendimento de energia relativamente alto, com 3 mol de ATP para cada mol de glicose.

Pequenas quantidades de etanol e de isopropanol também podem ser produzidas. A fermentação butírica é bastante comum na silagem quando o pH não é baixo o suficiente para garantir a atividade exclusiva das bactérias láticas. O dióxido de carbono produzido durante a fermentação butírica também causa um aumento no pH da silagem, aumentando, assim, a fermentação butírica.

Algumas bactérias, como *Clostridium acetobutylicum*, produzem menos ácidos e produtos mais neutros, realizando a fermentação da acetona butanol. Essa fermentação teve grande importância durante a Primeira Guerra Mundial em virtude da necessidade de acetona para a produção de munições. A fermentação de butanodiol é feita por microrganismos dos gêneros *Enterobacter*, *Erwinia*, *Hafnia*, *Klebsiella* e *Serratia*. A maioria dessas bactérias pode ser encontrada no solo e na água (*Enterobacter* e *Serratia*), e a *Erwinia* pode ser patógeno de plantas.

A fermentação de butanodiol produz menos ácidos do que a fermentação ácida mista, pois duas moléculas de piruvato são usadas para produzir uma molécula de 2,3-butanodiol, não estando disponíveis, portanto, para a produção de compostos ácidos.

Assim, a proporção de produtos ácidos para neutros é de 1:6. Além disso, as reações que levam à produção de 2,3-butanodiol envolvem uma etapa de dupla descarboxilação; desse modo, a fermentação de butanodiol produz mais gás do que a fermentação ácida mista, com uma proporção de dióxido de carbono para hidrogênio de 5:1.

2.5.4 Fermentação malolática

As BAL também exercem papel relevante na produção de algumas bebidas alcoólicas, especialmente vinhos tintos e sidras. Nessas bebidas, as BAL convertem o ácido málico em ácido lático, suavizando a acidez e tornando o produto mais palatável.

No caso de fermentações espontâneas, bactérias homofermentativas do gênero *Pediococcus* e *Lactobacillus*, assim como as heterofermentativas *Leuconostoc* e *Oenococcus*, podem realizar o processo.

A espécie que mais se destaca nas fermentações naturais é *Oenococcus oeni*, por isso é utilizada como cultura para dar início à fermentação adicionada usualmente após a fermentação alcóolica.

Composição sintetizada

Neste capítulo, esclarecemos que a fermentação é um processo antigo que desempenha papel vital na produção de alimentos até os dias atuais e que as principais vias metabólicas aplicadas na indústria são as fermentações lática, alcoólica, propiônica e acética. Além de produzir compostos desejados, a fermentação exerce função importante na estabilização e na conservação de alimentos.

A fermentação alcoólica é um dos processos fermentativos mais conhecidos e aplicados, utilizado para a produção de álcool e na conservação de alimentos. A fermentação acética é o processo de produção do ácido acético, componente essencial do vinagre, principal produto produzido industrialmente pela fermentação acética. Bactérias fermentadoras de ácido acético, como *Acetobacter* e *Gluconobacter*, usam o etanol como fonte de carbono para produzir ácido acético.

Na fermentação lática, bactérias fermentadoras de ácido lático são encontradas em ambientes com baixa concentração de oxigênio, como o intestino de animais e alimentos fermentados. Essas bactérias têm um metabolismo limitado e dependem de nutrientes específicos para crescer. Sua capacidade de acidificar o meio inibe o crescimento de outros microrganismos, por isso esse processo é usado para a produção e a conservação de alimentos, como iogurte e queijos.

Figura 2.9 – Principais vias de fermentação

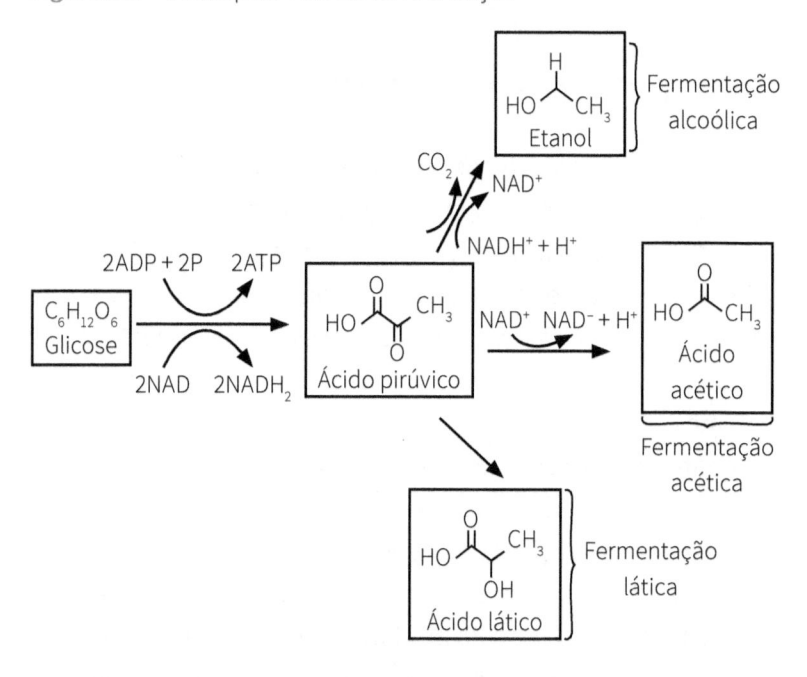

$$C_6H_{12}O_6 \text{ (Glicose)} \xrightarrow[2NAD \to 2NADH_2]{2ADP + 2P \to 2ATP} \text{Ácido pirúvico}$$

- Etanol (Fermentação alcoólica) — via CO_2, NAD^+, $NADH^+ + H^+$
- Ácido acético (Fermentação acética) — via $NAD^+ \to NAD^- + H^+$
- Ácido lático (Fermentação lática)

Fonte: Sagrillo et al., 2015, p. 16.

A fermentação propiônica é responsável pela produção do ácido propiônico, amplamente utilizado na indústria. No entanto, a produção biológica desse ácido ainda não é economicamente viável. Bactérias como *Propionibacterium* e *Clostridium propionicum* são responsáveis pela fermentação do ácido propiônico, utilizando açúcar e lactato como substratos iniciais.

A fermentação ácida mista, a fermentação de butanodiol e a fermentação de ácido butírico são processos metabólicos desenvolvidos por diversos microrganismos, cada um com características específicas em termos de produtos finais, proporção de ácidos e neutros e rendimento de energia. Esses processos desempenham papéis importantes na saúde humana, na colonização de ambientes e na produção industrial.

No próximo capítulo, abordaremos elementos e técnicas básicas para aplicação dos processos fermentativos em escala industrial.

Autotestes fermentativos

1. A fermentação é um processo importante para a indústria alimentícia, pois diversos produtos são fabricados por meio de diferentes vias metabólicas fermentativas. Assinale a alternativa que indica, respectivamente, a via metabólica utilizada para a produção de pães, de vinagre e de iogurte:
   a) Fermentação alcoólica, fermentação homolática, fermentação lática.
   b) Fermentação acética, fermentação alcoólica, fermentação lática.
   c) Fermentação alcoólica, fermentação acética, fermentação lática.
   d) Fermentação simples, fermentação complexa, fermentação alcoólica.
   e) Fermentação homolática, fermentação alcoólica, fermentação lática.

2. Considerando o processo do metabolismo energético em microrganismos, analise as afirmativas a seguir e indique V para as verdadeiras e F para as falsas.

( ) Todos os processos de obtenção de energia ocorrem na presença de oxigênio.

( ) A energia liberada nos processos do metabolismo energético é armazenada nas moléculas de ATP. Durante a respiração aeróbica, são produzidos 38 ATPs e, nos processos fermentativos, são produzidos de 1 a 3 ATPs. Por isso, a respiração aeróbica é mais vantajosa energeticamente para os microrganismos do que a fermentação.

( ) Na respiração aeróbica, o último aceptor de hidrogênio/elétrons é o oxigênio; na respiração anaeróbica, é outra substância inorgânica.

( ) Ao contrário da respiração aeróbica, que ocorre na presença de oxigênio, as fermentações só ocorrem na ausência de oxigênio.

Agora, assinale a alternativa que apresenta a sequência correta:

a) F, V, V, F.
b) F, F, F, F.
c) V, V, V, V.
d) F, F, V, F.
e) F, V, F, V.

3. A fermentação etanólica/alcoólica é um processo importante na fabricação de pães, cervejas e vinhos. O principal produto metabólico dessa fermentação é o etanol, porém outra substância é produzida durante o processo e é a responsável pelo crescimento da massa do pão. Assinale a alternativa que indica corretamente qual é essa substância:
   a) Gás oxigênio.
   b) Gás carbônico.
   c) Gás hidrogênio.
   d) Monóxido de carbono.
   e) Ácido lático.

4. Assinale a alternativa correta sobre a fermentação:
   a) A fermentação é um processo que ocorre exclusivamente em microrganismos.
   b) A fermentação lática tem como produto somente o ácido lático.
   c) A fermentação produz menos energia (ATP) do que processos aeróbicos.
   d) A fermentação propiônica é mais eficiente energeticamente para os microrganismos quando utiliza lactato em vez de glicose.
   e) O ácido acético e o propiônico só são produzidos industrialmente por métodos biológicos/fermentativos.

5. Analise as afirmações a seguir e assinale a alternativa **incorreta**:
   a) A fermentação lática pode ser dividida em homolática, heterolática e fermentação de ácido lático de *Bifidobacterium*. Essas fermentações se diferenciam pelos seus produtos, sendo eles: ácido lático na fermentação homolática; lactato, etanol, CO_2 e acetato na fermentação heterolática; e ácidos acético e lático na fermentação de ácido lático de *Bifidobacterium*.
   b) O *habitat* natural de microrganismos que desenvolvem a fermentação ácida mista é o aparelho gastroentérico, pois esse tipo de fermentação exige a ausência de oxigênio.
   c) A fermentação lática é utilizada industrialmente não somente na indústria de laticínios, mas também para a produção de chucrute, por exemplo, e para produção de silagem.
   d) A fermentação ácida mista é capaz de produzir diferentes tipos de produtos, como os ácidos lático, fórmico, succínico, acético e etanol.
   e) A fermentação lática é utilizada na preservação de alimentos, pois ela inibe o crescimento de microrganismos indesejados por meio da elevação do pH.

Aprendizagens industriais

Destilações reflexivas

1. A fermentação, a respiração aeróbica e a anaeróbica são processos de obtenção de energia distintos, desenvolvidos pelas células de microrganismos. Reflita sobre as diferenças nesses processos em termos de quantidade de energia obtida (ATP) e elabore um texto escrito com suas considerações.

2. Como as vias metabólicas de fermentação podem ser aplicadas em contextos práticos além da produção de alimentos e bebidas? Pense em exemplos de situações em que a compreensão dessas vias pode ser útil para resolver problemas ou aproveitar oportunidades em diferentes áreas profissionais. Considere aspectos como a produção de biocombustíveis, a bioengenharia de microrganismos para a síntese de compostos de interesse, a utilização de resíduos orgânicos como substrato para a fermentação, entre outros. Analise como essas vias metabólicas podem ser exploradas de maneira inovadora e sustentável em diferentes setores da indústria e da pesquisa científica. Elabore um texto escrito com suas considerações e compartilhe-as com seu grupo de estudos.

Prática concentrada

1. Suponha que você é um engenheiro de produção em uma destilaria de etanol e enfrenta um problema na fermentação alcoólica que está afetando a eficiência e a qualidade do produto final. A taxa de produção de etanol está abaixo do esperado e há relatos de contaminação microbiológica durante o processo. Além disso, a concentração de compostos indesejáveis, como ácido acético, está alta, provocando aroma e sabor desagradáveis no etanol produzido. Descreva qual processo metabólico pode estar ocasionando esse problema e elabore um relatório com suas conclusões.

Capítulo 3

Elementos e técnicas básicas em fermentação

Neste capítulo, trataremos das fermentações submersa e em estado sólido e dos substratos utilizados na indústria para processos fermentativos. Abordaremos também as técnicas de esterilização e desinfecção de materiais e ambientes.

O objetivo principal deste capítulo é explorar as técnicas de fermentação submersa e em estado sólido de modo a possibilitar a compreensão das particularidades e aplicabilidades de cada uma, relacionando a aplicação dessas técnicas com os diferentes substratos utilizados industrialmente. Além disso, por meio da abordagem dos métodos de esterilização de materiais e ambientes na indústria, visamos esclarecer conceitos químicos, físicos e biológicos associados aos mecanismos de ação desses métodos para elucidar como e onde cada método pode ser aplicado em diferentes cenários industriais.

3.1 Classificação dos processos fermentativos

Os processos fermentativos de uso industrial podem ser classificados, quanto ao seu teor de umidade, em dois tipos: (1) fermentação submersa e (2) fermentação em estado sólido.

A **fermentação submersa**, ou **fermentação em fase aquosa**, é aquela em que o substrato que será consumido pelos microrganismos está dissolvido ou disperso em um grande volume de líquido, formando uma suspensão ou uma pasta, dependendo do teor de umidade. Nesse tipo de fermentação, o microrganismo é inoculado diretamente em meio nutriente líquido, conhecido como *caldo*, e os nutrientes podem estar dissolvidos ou se apresentar como sólidos em suspensão.

Nesse tipo de bioprocesso, geralmente, se utiliza agitação e se obtém uma manipulação de grandes volumes do meio de cultura, com uma boa uniformidade. Com essa uniformidade, a absorção de nutrientes e a excreção de metabólitos por parte dos microrganismos são mais eficientes, reduzindo o tempo e o custo do processo. Quando o microrganismo necessita de oxigênio, ele é fornecido por borbulhamento de ar no meio de cultura.

Existem vários procedimentos de fermentação em fase aquosa que podem ser desenvolvidos nas indústrias alimentícia e de bebidas. Os mais utilizados referem-se, provavelmente, às fermentações líquidas usadas na fabricação de bebidas, como cervejas, vinhos e alguns produtos lácteos, como o iogurte e o leitelho (leite de manteiga).

A **fermentação em estado sólido (FES) ou semissólido**, ou **fermentação em fase não aquosa**, é um processo em que os microrganismos crescem em um substrato sem água livre ou com um baixíssimo teor de água. Podemos, portanto, defini-la como o processo microbiano que ocorre em materiais sólidos capazes de reter ou absorver água, sem que exista água drenada.

A fermentação em estado sólido costuma ser utilizada para a produção industrial de enzimas e de alguns metabólitos secundários, como pigmentos, normalmente por fungos filamentosos, que atuam melhor em condições com baixo teor de água.

Os microrganismos utilizados em estado sólido podem ser tanto os que ocorrem naturalmente, como nos casos de ensilagem ou compostagem, quanto os que ocorrem na forma de culturas puras. Outros exemplos são os usos de culturas de *Rhizopus* e *Penicillium*, para enriquecimento proteico ou produção de alimentos; de *Aspergillus*, para a produção de enzimas; e de *Metarhizium*, para a produção de bioinseticidas.

Como bactérias, podemos mencionar *Zymomonas mobilis*, para a produção de álcool, e as leveduras *Saccharomyces*, *Pichia* e *Pachysolen*, também para a produção de álcool.

Na fermentação em estado sólido, utilizam-se como substrato ou matriz sólida os materiais provenientes de matérias-primas, produtos e/ou resíduos agroindustriais. Esses materiais devem conter algumas peculiaridades para alcançar maior rendimento no processo, como: alto grau de acessibilidade do microrganismo a todo o meio; porosidade adequada para que tenha uma boa capacidade de absorção de água, que facilita o transporte de enzimas e metabólitos entre o meio e os microrganismos; e o tamanho e o formato das partículas.

Na FES, há duas possibilidades para os microrganismos crescerem: (1) quando o suporte sólido atua como fonte de nutrientes e (2) quando os nutrientes são solúveis em água e os microrganismos estão aderidos em uma matriz sólida, inerte ou não, que absorverá o meio de cultura líquido.

São exemplos de meios sólidos fontes de nutrientes: farelos, como farelo de trigo; grãos, como cevada e soja; e farinhas, como farinha de milho.

Podem ser aproveitados diversos subprodutos agroindustriais como substratos sólidos inertes, como sabugo de milho, palha de arroz e bagaço de cana-de-açúcar.

Algumas fermentações láticas (por exemplo, de materiais amiláceos ou farináceos) podem ser consideradas como fermentações em estado sólido porque, quando um substrato sólido está em água livre, parece que esse é apenas um tipo de cultura em suspensão, mas há evidências que sugerem que os microrganismos ativos se ligam ao material sólido em uma extensão considerável, produzindo, assim, algumas características de um substrato sólido.

Um exemplo disso é a produção do *kefir*, um leite fermentado produzido por meio de "grãos de *kefir*". Nessa fermentação, ocorre a fixação das células à membrana polissacarídica, o que sugere que seja um processo de substrato sólido. No entanto, também existe um grande número de células suspensas no líquido, bastante livres dos grãos, e as proporções de espécies bacterianas em suspensão são radicalmente diferentes das proporções dentro dos grãos. A fermentação do *kefir* ocorre por meio de seus grãos, que contêm uma mistura complexa de bactérias e leveduras, adicionados ao leite.

Na fermentação em estado sólido, as etapas de purificação ficam facilitadas pelo fato de o produto poder ser retirado em pequena quantidade de água ou ainda ser utilizado junto ao substrato remanescente.

A fermentação em estado sólido e a fermentação submersa podem também ser classificadas quanto à sua relação com o oxigênio no meio de fermentação: as fermentações **aeróbicas** requerem a presença de uma quantidade mínima de oxigênio para ocorrerem, e as **anaeróbicas** necessitam de um ambiente com pouca ou nenhuma concentração de oxigênio.

Fermentações envolvendo fungos, em geral, requerem livre acesso ao ar, tanto para suprir a necessidade de oxigênio abundante do organismo quanto para remover os produtos da fermentação, principalmente dióxido de carbono e calor.

3.1.1 Vantagens e desvantagens das fermentações submersa e em estado sólido

Algumas **vantagens** da operação de fermentação em estado sólido em comparação com a fermentação submersa são:

1. Possibilidade de uso de substratos insolúveis, como subprodutos, os quais podem precisar apenas de correções de umidade e de balanço de nutrientes.
2. Condições de assepsia mais amenas (maior ausência de microrganismos infecciosos ou patogênicos, por exemplo), em razão da baixa atividade de água, o que promove pré-tratamento e fermentação mais simplificada.
3. Sem necessidade de agitação contínua no fermentador, sendo utilizada apenas para homogeneização do substrato com os microrganismos.
4. Aeração facilmente disseminada nos interstícios existentes entre as partículas do substrato, sendo natural ou forçada.

5. Menor geração de resíduos líquidos que precisam de tratamento ou disposição final, o que reduz custos de capital investido e de operação da planta de tratamento construída, bem como os impactos ambientais.

Há também algumas **desvantagens** da operação de fermentação em estado sólido em comparação com a fermentação submersa que devem ser levadas em consideração quando é possível operar em ambos os tipos de fermentação. São elas:

1. Dificuldade na dissipação do calor e dos gases produzidos durante o processo, o que pode elevar a temperatura em alguns pontos localizados e reduzir o rendimento da fermentação.
2. Complexidade de controle e acompanhamento de parâmetros operacionais, como pH, temperatura, umidade, aeração e crescimento de microrganismos.
3. Dificuldade de ampliação de escala do sistema em virtude da heterogeneidade do substrato, da manipulação do meio e do monitoramento e controle do processo.
4. Operação somente em batelada.
5. Poucas publicações técnicas e estudos com exemplos de aplicação da fermentação em estado sólido, principalmente relacionada à ampliação de escala.

3.2 Substratos utilizados industrialmente para fermentação

Para promover a fermentação, devem ser escolhidos um ou mais substratos que atendam às necessidades nutricionais do microrganismo empregado. Os microrganismos fermentadores são **quimiorganotróficos**, ou seja, eles obtêm sua energia por meio de reações químicas.

Apesar de existirem diferentes opções de microrganismos para serem utilizados na fermentação, de maneira geral, os microrganismos precisam que os substratos tenham água, alguma fonte de energia, carbono, nitrogênio e outras substâncias inorgânicas. Muitos também necessitam de oxigênio para manter seu metabolismo, mas ele não é considerado um nutriente.

Existem diversas possibilidades de **fontes de carbono**, como os carboidratos, que se constituem em fonte de açúcares e de polissacarídeos, principalmente glicose, mas também frutose, manose e galactose. Outras fontes de carbono são os substratos que contêm aminoácidos, protídeos, proteínas, ácidos monocarboxílicos, lipídios e álcoois. São exemplos de substratos fontes de carbono:

- cana-de-açúcar e sorgo sacarino;
- frutos, como uvas, laranjas e maçãs;
- malte de cevada, trigo, milho e arroz;
- melaço, um subproduto da produção de açúcar;

- lignocelulósicos, como palha, bagaço de cana e resíduos da madeira;
- carboidratos puros, como açúcares e amidos.

As **fontes de nitrogênio** são materiais orgânicos como aminoácidos, protídeos e proteínas e materiais inorgânicos como sais de amônio, nitratos e nitritos.

Tanto o carbono quanto o nitrogênio são essenciais para o metabolismo e para a composição das células. São exemplos de substratos fontes de nitrogênio:

- amônia e sais de amônio;
- líquido da maceração de milho;
- extrato de levedura;
- peptonas;
- ureia.

Alguns microrganismos também precisam que os substratos tenham algumas concentrações de micronutrientes e macronutrientes em menor quantidade, como potássio, enxofre, cálcio, magnésio, sódio, ferro, cloro, manganês, cobre e zinco.

Além disso, os produtos da fermentação são bastante influenciados pelas propriedades físicas e químicas dos substratos utilizados em sua preparação, por isso é importante avaliar as características de cada matéria-prima tendo em vista os produtos de interesse.

Entre as propriedades físicas dos substratos, provavelmente a mais importante seja a disponibilidade de água, pois isso interfere nos tipos de microrganismos, cujo crescimento e desenvolvimento podem ser sustentados, ou não, no meio específico do substrato em questão.

Esse é um exemplo simples de como a composição química do material fermentável é de grande importância na determinação dos tipos de substratos que podem ser utilizados e de como a água pode afetar os resultados das fermentações.

Existe uma grande variedade de materiais que podem ser empregados como substratos para a fermentação, como os que abordaremos na sequência.

3.2.1 Material folhoso

Grama e outros materiais forrageiros são convertidos em silagem em ampla escala, como parte essencial da moderna criação de ruminantes. Embora normalmente não seja considerada como fermentação de "alimento", ou seja, não faz parte da dieta humana, essa é provavelmente a mais importante entre as fermentações foliares em um contexto mais amplo.

Um dos produtos fermentados para consumo humano e produzido por meio de material folhoso é o chucrute. Ele é produzido pela fermentação de folhas de repolho e foi desenvolvido como um processo de armazenamento para conservar o excesso de repolho. O chucrute pode ser conservado sem deterioração por muitos meses, mesmo na ausência de refrigeração.

3.2.2 Frutos

Pepinos, azeitonas e tomates são exemplos de frutos que sofrem um processo de fermentação para que sejam conservados e consumidos por mais tempo. Cebolas e raízes de rabanete, apesar de não serem frutos, também são fermentadas com a mesma intenção. Para a conservação, o material preparado é imerso em uma solução com sal (salmoura), e uma fermentação lática espontânea se desenvolve. Sob condições refrigeradas, esses produtos têm maior tempo de conservação.

Outro exemplo de fermentação por meio de frutos é a produção de sucos, como os de uva e os de maçã, e a produção de bebidas alcoólicas, como os vinhos, produzidos com uvas, e as sidras, produzidas com maçãs.

Os frutos doces têm uma vida de armazenamento muito curta, por isso sua fermentação também é vista como uma estratégia de conservação e de aproveitamento. A única alternativa prática à fermentação é sua secagem para a produção de frutas secas.

3.2.3 Raízes, tubérculos e grãos

Em geral, as culturas de raízes são mais estáveis e têm mais durabilidade do que os materiais folhosos e os frutos, portanto a fermentação de raízes, bulbos e tubérculos é feita por razões culinárias mais do que por razões de conservação. Um exemplo disso é a fermentação de raízes de rabanete para a produção de sua conserva.

Outro exemplo de raiz utilizada para fermentação é a mandioca (*Manihot esculenta*). Com uma concentração de amido que pode chegar a 80% de sua composição, a mandioca é matéria-prima para a produção de polvilho azedo por meio da fermentação do amido extraído dela.

Existem também muitos estudos sobre fermentação por meio de tubérculos, como batatas para a produção de etanol como combustível, em razão de seu alto teor de amido. Como alimento fermentado, a batata não é recomendada, pois libera toxinas prejudiciais ao nosso organismo após a fermentação.

Os grãos mais utilizados na fermentação são os grãos de malte de cevada, de milho e de trigo, principalmente para a produção de bebidas alcoólicas, como cervejas, ou os grãos de trigo, para a produção de pães.

Existem outros grãos, como sorgo, painço e arroz, que também podem ser utilizados para a fermentação de bebidas e de alimentos.

3.3 Fontes de microrganismos de interesse industrial

A seleção de culturas microbianas para aplicações industriais começa no isolamento de microrganismos da natureza e, posteriormente, na purificação de cepas de interesse, conforme os produtos metabólicos pretendidos. Para contornar problemas de contaminação, por exemplo, é essencial fazer uma seleção cuidadosa dos microrganismos, de modo a torná-los estáveis e geneticamente uniformes. Esse processo é fundamental para assegurar que produzam a menor quantidade possível de metabólitos indesejados e, ao mesmo tempo, maximizem a produção dos metabólitos desejados (Elander; Chang, 1979).

Como explicam Elander e Chang (1979), a seleção natural e a seleção de mutações alcançam sucesso em melhorar a estabilidade da cultura e suas características, como crescimento e esporulação. Entretanto, os autores afirmam que problemas genéticos relacionados a essas características podem surgir, exigindo resolução em programas de melhoria de cultura. A degeneração da cepa é comumente observada durante o crescimento após transferência vegetativa, armazenamento ou preservação prolongada.

Uma cepa estável de alta produção é essencial tanto para fazer estudos a fim de estabelecer vias de biossíntese quanto para otimizar a fermentação por meio do controle dos ambientes químico e físico. O uso da seleção para desenvolver uma cultura produtiva estável e a aquisição de conhecimento das relações cepa-ambiente são importantes para permitir que o especialista em fermentação controle e direcione o microrganismo para a produtividade mais eficiente do metabólito desejado.

As coleções de cultura microbiana (MCC, na sigla em inglês), também conhecidas como *centros de recursos biológicos* (BRC, na sigla do inglês), são os principais fornecedores de microrganismos cultivados e suas partes replicáveis, como DNA, genomas e plasmídeos. Geralmente, o World Federation for Culture Collections* (WFCC) visa promover e apoiar o estabelecimento e o monitoramento das coleções de cultura microbiana, fornecendo uma plataforma e compartilhando informações entre coleções de cultura afiliadas e usuários.

Em 2022, o World Data Centre for Microorganisms** (WDCM) listava 821 coleções em todo o mundo, sendo o Brasil o país com maior número de coleções de culturas, como podemos ver na Figura 3.1.

---

*   Em português, Federação Mundial de Coleções de Cultura.
**   Em português, Centro Mundial de Dados para Microrganismos.

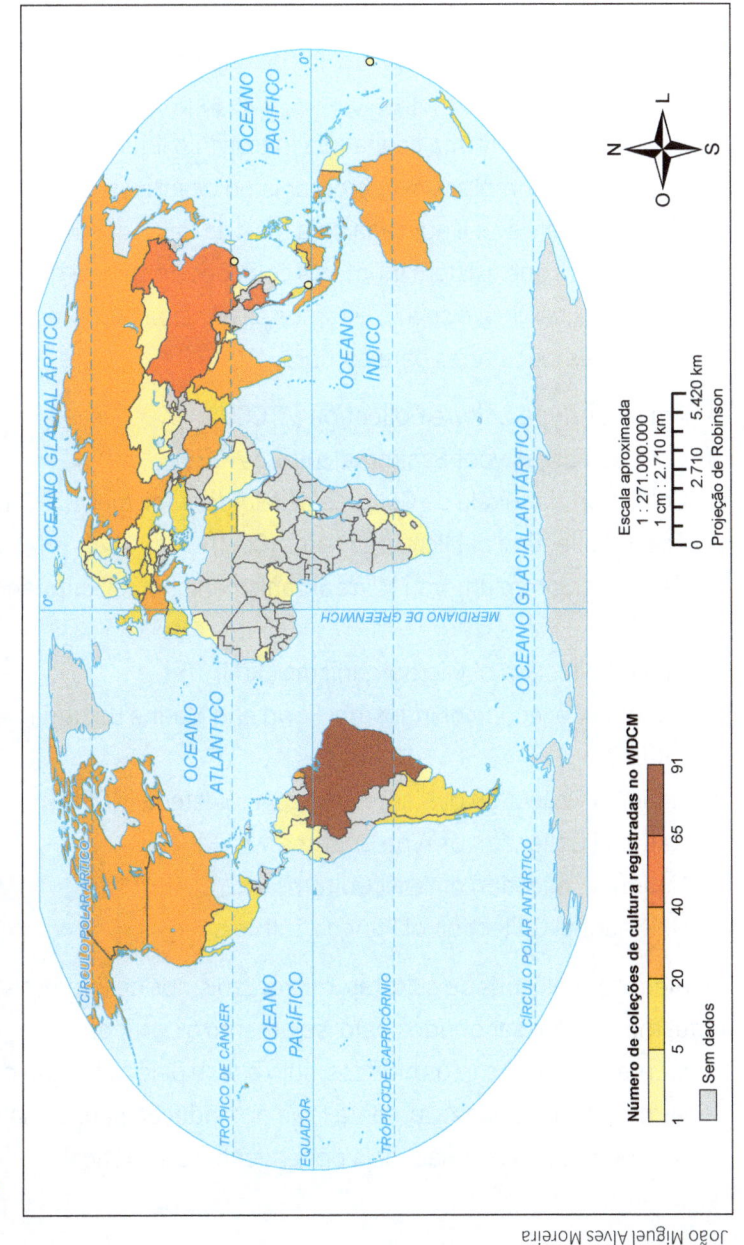

Figura 3.1 – Número de coleções de culturas de microrganismos registradas no WDCM

Número de coleções de cultura registradas no WDCM
1 — 5 — 20 — 40 — 65 — 91
Sem dados

Escala aproximada
1 : 271.000.000
1 cm : 2.710 km
0   2.710   5.420 km
Projeção de Robinson

João Miguel Alves Moreira

Fonte: WDCM, 2022.

As coleções de cultura microbiana foram iniciadas há mais de 100 anos e muitos microrganismos de relevância econômica foram conservados em muitas formas, mas as principais são a forma liofilizada e a forma congelada (nitrogênio líquido).

Atualmente, comprar um microrganismo de interesse é uma opção bastante viável e aplicada pela maioria das indústrias, tendo em vista que existem inúmeras coleções de cultura que prestam esse serviço. A seguir, listamos as principais empresas com coleções de culturas para compra:

- American Type Culture Collection (ATCC)
- Centraalbureau voor Schimmelcultures (CBS)
- Collection Nationale de Cultures de Microorganismes (CNCM)
- Czech Collection of Microorganisms (CCM)
- Deutsche Sammlung von Mikroorganismen und Zellkulturen (DSMZ)
- Japan Collection of Microorganisms (JCM)
- National Collection of Industrial Food and Marine Bacteria (NCIMB)
- National Collection of Plant Pathogenic Bacteria (NCPPB)
- National Collection of Type Cultures (NCTC)
- National Collection of Yeast Cultures (NCYC)
- UK National Collection of Fungus Cultures

Além das coleções de culturas, microrganismos de interesse industrial podem ser obtidos pelo isolamento a partir de ambientes (como recursos hídricos, solo e ar) e pela obtenção de cepas modificadas geneticamente (seja por indução natural, seja por métodos convencionais, seja por engenharia genética).

A investigação de novas linhas de microrganismos a partir de ambientes naturais sempre foi uma importante fonte de recursos genéticos de interesse industrial, porém é um método que requer muito tempo e recursos até ser identificada uma cepa com as características desejadas.

As modificações genéticas que ocorrem naturalmente ou por pressão seletiva são aleatórias e nem sempre resultam em microrganismos com as condições desejadas. Esse método baseia-se no fato de que microrganismos estão constantemente sofrendo mutações genéticas e, quando são colocados em condições ambientais específicas, somente os mais aptos tendem a sobreviver e propagar sua linhagem.

Dessa forma, se o objetivo é encontrar um microrganismo resistente a pHs muito ácidos, é preciso submeter cepas a ambientes com pHs ácidos e avaliar quais cepas conseguem prosperar até encontrar um microrganismo promissor. Esse método, contudo, também costuma ser demorado e custoso, e não há garantias de resultados satisfatórios.

Técnicas de engenharia genética estão disponíveis para permitir que genes específicos sejam isolados, modificados em laboratório e reintroduzidos no organismo original ou em um organismo diferente para produzir os chamados *organismos transgênicos* ou *geneticamente modificados* (OGMs).

3.4 Controle microbiano e esterilização de equipamentos

Esterilização é o processo de eliminar, por meio da utilização de agentes químicos ou físicos, todas as formas de vida microbianas (bactérias, vírus, fungos, entre outros) que possam contaminar materiais e objetos. Na indústria de alimentos, o emprego de técnicas de esterilização, muitas vezes, pode comprometer a qualidade do alimento ou causar alterações nutricionais, de odor e de sabor não desejadas.

Assim, técnicas de esterilização parcial (desinfecção) ou de inibição de crescimento foram desenvolvidas para garantir a segurança sem comprometer as características dos alimentos. Exemplos de esterilização parcial são o processo de pasteurização, largamente utilizado na indústria de laticínios, e o controle microbiano, como a refrigeração e os inibidores de crescimento (altas concentrações de sais ou açúcares, preservantes químicos etc.) (Schmidell, 2021).

Quadro 3.1 – Definição de *esterilização* e *desinfecção*

Esterilização	A esterilização corresponde ao significado absoluto da palavra. Isso implica que o material não pode ser "parcialmente estéril", ou seja, o processo deve eliminar todas as formas de vida (incluindo estágios vegetativos e esporos) para ser consideradao estéril.
Desinfecção	É um processo menos rigoroso do que a esterilização. A desinfecção não causa necessariamente a eliminação completa de todas as formas de vida. Muitas vezes, é direcionada apenas aos organismos considerados prejudiciais e às suas formas de vida menos resistentes (em geral, não é capaz de eliminar esporos, pois estes são mais resistentes).

No Quadro 3.2 constam os principais termos técnicos usados nesta seção e suas definições. Os agentes esterilizantes podem ser classificados em agentes químicos e agentes físicos e são capazes de atacar as células dos microrganismos por diferentes mecanismos e, portanto, causar a morte celular.

Quadro 3.2 – Principais termos técnicos utilizados em processos de esterilização e de desinfecção

Desinfetante ou germicida	Agente químico capaz de promover desinfecção.
Biocida	Agente ou ação capaz de causar a morte de microrganismos.
Bioestático	Agente ou ação capaz de impedir a reprodução de microrganmismos, sem necessariamente eliminá-los.

(continua)

(Quadro 3.2 – conclusão)

Assepsia	Eliminação de microrganismos patogênicos ou indesejados.
Pasteurização	Tratamento térmico (62 °C por 30 minutos, e resfriamento imediato) aplicado a alimentos, principalmente bebidas, leite e derivados, para redução do número de microrganismos.
Tindalização	Tratamento térmico (100 °C por vários minutos e incubação em temperatura ambiente por cerca de 24 horas; o processo é repetido diversas vezes) capaz de promover a esterilização e eliminar esporos e microrganismos altamente resistentes.

A seguir, discutiremos métodos de esterilização de equipamentos, alimentos e ambientes.

3.4.1 Métodos físicos de esterilização e de desinfecção

Geralmente, os mecanismos de ataque envolvem a formação de substâncias tóxicas ou uma alteração nas estruturas ou moléculas que compõem as células microbianas: por exemplo, a desnaturação de proteínas ou enzimas essenciais para a manutenção metabólica; o rompimento da membrana plasmática/parede celular e a liberação do conteúdo intracelular; e o dano genético, que pode atingir genes essenciais para a reprodução ou a manutenção da vida celular (Schmidell, 2021).

Os principais métodos físicos de esterilização são calor úmido, calor seco, radiação de luz ultravioleta e radiação ionizante.

Calor úmido

O calor úmido é um método físico de esterilização e o mais aplicado na indústria de fermentação. Nesse caso, o material é submetido a um aumento de pressão e de temperatura (geralmente, a 121 °C e 1 atm) por determinado tempo. A água dentro da autoclave passa para o estado de vapor com o aumento da temperatura, e a umidade presente no sistema é responsável pela difusão do calor de maneira eficiente por todo o material, inclusive dentro das células microbianas.

Dessa forma, o calor e a hidratação dentro das células dos microrganismos causam danos nas proteínas, nas enzimas e na parede/membrana celular, levando à morte dos microrganismos e à esterilização do material.

Esse método é um dos mais aplicados para a esterilização de materiais, e meios de cultura, incluindo reatores fermentadores, vazios ou carregados com meio de cultura. Nesses casos, o vapor é obtido por caldeiras e direcionado por tubulação até os reatores.

O processo de esterilização inicia-se com a preparação do reator, que deve estar completamente vazio e limpo. Em seguida, o vapor de água é injetado diretamente no interior do reator para expulsar todo o ar existente. A remoção do ar é fundamental, pois microrganismos presentes no ar podem contaminar o produto. Após a expulsão do ar, o reator é fechado para atingir a pressão e a temperatura desejadas, que são mantidas por um tempo determinado para assegurar a completa esterilização.

Durante a esterilização, a combinação de temperatura e pressão do vapor de água é letal para a maioria dos microrganismos, incluindo bactérias, fungos e vírus. Em geral, a temperatura é mantida em torno de 121 °C (1 atm) por um período que varia de acordo com o protocolo específico do processo e do tipo de produto. Essa temperatura elevada é capaz de destruir os microrganismos presentes, minimizando o risco de contaminação.

Após a etapa de esterilização, é necessário proceder ao resfriamento seguro do reator, que deve ser feito gradualmente, pela passagem de água fria pela serpentina, para evitar o rompimento do reator devido à formação de vácuo. Para isso, é introduzido ar dentro do reator enquanto ocorre o resfriamento. O ar introduzido nessa etapa deve estar esterilizado para evitar a contaminação do reator.

Quando se trata de esterilização de reator carregado, ou seja, já contendo o meio de cultura, é necessário considerar que o meio de cultura pode sofrer de 10% a 15% de aumento de volume (Schmidell, 2021) decorrente da condensação do vapor durante o processo de resfriamento. Por isso, o meio de cultura deve ser adicionado a uma concentração maior do que a desejada, para que, após a condensação e a consequente diluição, atinja a concentração esperada.

A limitação desse método é a aplicação a meios de cultura que permitam o aquecimento, pois, em muitos casos, o aquecimento do meio de cultura pode degradar moléculas e modificar a constituição.

Em escala laboratorial, um exemplo muito utilizado de equipamento de esterilização por vapor úmido é a autoclave, como citamos anteriormente. Seu funcionamento é muito semelhante ao de uma panela de pressão doméstica. A água presente no fundo da autoclave é aquecida por serpentinas, e o ar interno é expulso durante o aquecimento até que somente vapor seja expelido. Quando a válvula de saída é fechada, a temperatura é aumentada até 121 °C e mantida durante o tempo necessário de esterilização, que varia de 15 a 30 minutos.

A autoclave é utilizada em laboratórios para a esterilização de vidrarias e meios de cultura e para o tratamento de resíduos com risco biológico antes do descarte. As autoclaves podem ser verticais, como na imagem da Figura 3.2, ou horizontais, como na imagem da Figura 3.3.

Figura 3.2 – Autoclave vertical

Figura 3.3 – Autoclave horizontal

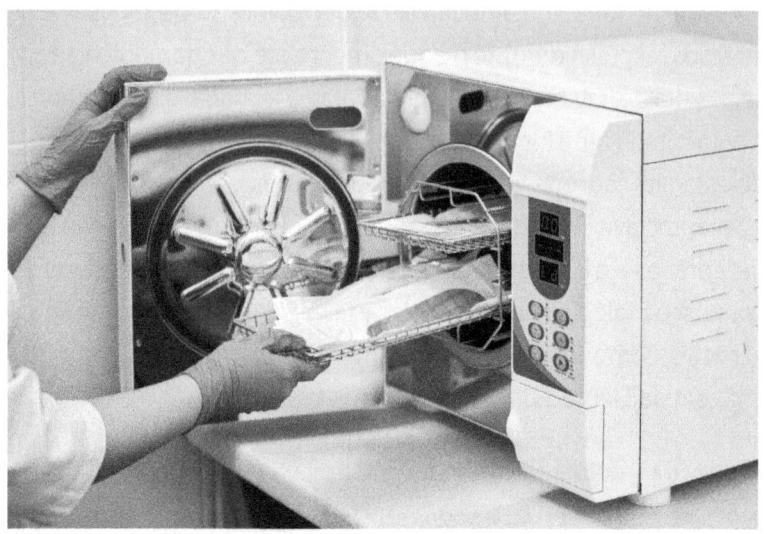

Calor seco

O calor seco é um método de esterilização mais lento e menos eficiente do que o calor úmido. É um método físico de esterilização comumente empregado para esterilizar materiais sólidos resistentes ao calor, como metais e vidrarias, e materiais que não podem ser umedecidos, como os pós.

Pela falta de umidade, a difusão do calor é comprometida e diminui o nível de hidratação das células dos microrganismos, causando certa proteção às proteínas. Por isso, para garantir a esterilização, o aquecimento por calor seco deve ser conduzido por um tempo muito maior do que no caso do calor úmido (cerca de 3 a 4 horas).

A esterilização por calor seco é feita, geralmente, em estufas ou fornos, onde o ar quente circula para aquecer o material, como ilustra a Figura 3.4.

Figura 3.4 – Estufa de esterilização por calor seco

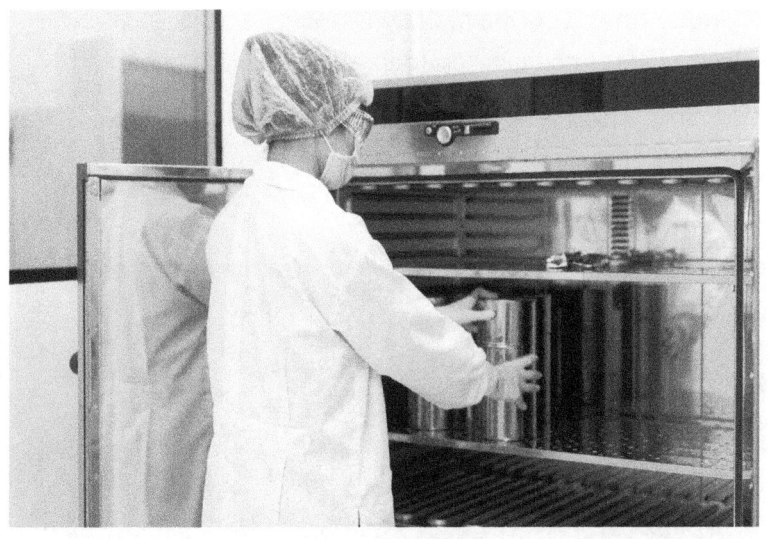

SUKJAI PHOTO/Shutterstock

Irradiação por luz ultravioleta (UV)

A luz ultravioleta pode ser absorvida por moléculas e causar modificações de suas ligações. Para a esterilização de microrganismos, a luz UV é aplicada, em geral, na faixa de 220 nm a 300 nm (Schmidell, 2021). Essa faixa é absorvida por compostos como purinas e pirimidinas (ácidos nucleicos da cadeia de DNA). Dessa forma, a luz UV é capaz de causar danos às moléculas de DNA e de RNA, impedindo o correto funcionamento da célula e causando sua morte.

Diferentemente dos métodos que empregam calor, a luz UV somente atua na superfície dos materiais e pode penetrar e esterilizar líquidos, dependendo da turbidez. Por isso, a luz UV é comumente empregada para a esterilização de superfícies e de ambientes (incluindo o ar).

A luz é emitida por lâmpadas emissoras de radiação, as quais exigem cuidado no manuseio, pois a radiação UV também é danosa para pessoas e animais.

Figura 3.5 – Irradiação por luz ultravioleta para esterilização de materiais

YuGusyeva/Shutterstock

Radiação ionizante

A aplicação da radiação ionizante é um método físico de esterilização em que se pode usar de radiação dos tipos alfa, beta, gama, raio X, entre outros, porém a mais utilizada é a radiação gama (Schmidell, 2021).

A radiação ionizante age sobre o DNA ou o RNA de microrganismos, causando danos que levam à inativação/morte celular. Apesar de ser capaz de esterilizar materiais, a radiação ionizante não deixa traços de radiação no material esterilizado, o que a torna segura (Schmidell, 2021).

Diferentemente da luz UV, a radiação gama tem grande poder de penetração, sendo capaz de esterilizar grandes quantidades de matéria, inclusive materiais em embalagens lacradas e acondicionados em caixas ou contêineres.

3.4.2 Métodos químicos de esterilização e de desinfecção

Os métodos químicos de esterilização e de desinfecção são utilizados na indústria de fermentação, geralmente quando o calor úmido não pode ser aplicado, como no caso de equipamentos como filtros, bombas e outros que não podem ser aquecidos.

A eficácia dos agentes químicos na esterilização ou na desinfecção é afetada pelas características dos materiais e por fatores ambientais, como pH, diluição e presença de compostos que reagem com os agentes químicos.

Alguns exemplos de agentes químicos são:

- **Óxido de etileno**: é um composto químico que reage com constituintes celulares, como proteínas e ácidos nucleicos, por meio de uma reação de alquilação, que resulta em uma modificação das moléculas e perdas de sítio ativo (no caso de enzimas, por exemplo), causando a desnaturação e a morte celular. Trata-se de um método químico de esterilização.

- **Glutaraldeído**: sua atividade esterilizante decorre da alquilação de grupos sulfidrila, hidroxila, carboxila e amino dos microrganismos, alterando DNA, RNA e síntese de proteínas. Ademais, o glutaraldeído provoca o endurecimento da camada externa do esporo, o que impede sua ativação.

Composição sintetizada

Neste capítulo, destacamos que os processos fermentativos industriais se dividem em fermentação submersa e fermentação em estado sólido, cada uma com suas características e aplicações específicas. A fermentação submersa é amplamente utilizada na indústria de alimentos e bebidas, e a fermentação em estado sólido é empregada, principalmente, para substratos não solúveis.

Explicamos como a escolha adequada dos substratos se constitui em um importante passo durante os processos fermentativos, considerando-se as necessidades nutricionais dos microrganismos, que requerem água, fontes de energia, carbono, nitrogênio e outros nutrientes. Diferentes fontes de carbono e de nitrogênio podem ser utilizadas, como açúcares, proteínas e sais inorgânicos. A disponibilidade de água e as propriedades físicas e químicas dos substratos também influenciam os resultados das fermentações.

Para garantir a segurança biológica durante as fermentações, a esterilização e o controle microbiano são processos essenciais. Por isso, apresentamos diversos métodos físicos de esterilização disponíveis, como calor úmido, calor seco, radiação ultravioleta e radiação ionizante. Cada método tem sua eficácia e aplicação específica.

Autotestes fermentativos

1. Analise as afirmativas a seguir sobre as vantagens e as desvantagens da operação de fermentação em estado sólido em comparação com a fermentação submersa e indique V para as verdadeiras e F para as falsas.
   ( ) A fermentação em estado sólido permite o uso de substratos insolúveis, como subprodutos, com apenas correções de umidade e de balanço de nutrientes.
   ( ) As condições de assepsia são mais amenas na fermentação em estado sólido em razão da baixa atividade de água, simplificando o pré-tratamento e a fermentação.
   ( ) Na fermentação em estado sólido, a agitação contínua no fermentador é necessária para a homogeneização do substrato com os microrganismos.
   ( ) A aeração é facilmente disseminada nos interstícios entre as partículas do substrato na fermentação em estado sólido, seja natural, seja forçada.
   ( ) A fermentação em estado sólido gera menos resíduos líquidos que precisam de tratamento, reduzindo custos de capital investido e impactos ambientais.

Agora, assinale a alternativa que apresenta a sequência correta:

a) V, V, F, V, V.
b) V, F, F, V, V.
c) V, V, F, F, F.
d) V, V, V, V, V.
e) F, V, V, V, F.

2. Assinale a alternativa que indica corretamente exemplos de substratos fontes de carbono utilizados na fermentação:
   a) Amônia e sais de amônio.
   b) Líquido da maceração de milho.
   c) Extrato de levedura.
   d) Peptonas.
   e) Lignocelulósicos, como palha, bagaço de cana e resíduos da madeira.

3. Assinale a alternativa que indica corretamente o processo capaz de proporcionar a eliminação total de microrganismos:
   a) Pasteurização.
   b) Esterilização.
   c) Desinfecção.
   d) Limpeza e assepsia.
   e) Higienização.

4. Analise as afirmativas a seguir a respeito do processo de esterilização.
   I. O calor úmido é um método físico de esterilização e o mais aplicado na indústria de fermentação, em que o material é submetido a um aumento de pressão e de temperatura (geralmente, 121 °C e 1 atm).

II. O calor seco é um método de esterilização menos lento e mais eficiente do que o calor úmido.
III. O calor seco é um método de desinfecção, e não de esterilização.
IV. A luz UV é indicada como método de esterilização eficiente somente para superfícies de materiais e ambientes (esterilização de ar, por exemplo).
V. A radiação gama, assim como a luz UV, não tem grande poder de penetração, sendo ineficaz para esterilizar grandes quantidades de matéria.
VI. A esterilização por calor úmido é a mais aplicada na indústria para a esterilização de equipamentos e reatores.

Assinale a alternativa correta:

a) Apenas as afirmativas I, II e III estão corretas.
b) Apenas as afirmativas III, IV e V estão corretas.
c) Apenas as afirmativas I, V e VI estão corretas.
d) Apenas as afirmativas I, III e IV estão corretas.
e) Apenas as afirmativas I, IV e VI estão corretas.

5. Analise as afirmativas a seguir sobre o isolamento de microrganismos de interesse industrial e indique V para as verdadeiras e F para as falsas.
   ( ) Microrganismos de interesse industrial podem ser isolados a partir de ambientes naturais, porém esse processo é difícil e envolve considerável esforço técnico, tempo e elevado custo.
   ( ) Após o isolamento de um microrganismo, não ocorrem mais mutações ou variações genéticas dessa cepa durante seu crescimento ou armazenamento.

( ) O Brasil é o país com maior número de coleções de cultura microbiana (MCC).
( ) A modificação genética não é um processo que pode ocorrer naturalmente em ambientes como solo, água e ar, mas apenas em condições laboratoriais, por meio de engenharia genética.
( ) Não é necessário que uma cepa utilizada para um processo industrial seja geneticamente estável e com pouca variabilidade genética, mas é preciso que produza um número mínimo de metabólitos indesejados e a produção dos metabólitos desejados seja maximizada.

Agora, assinale a alternativa que apresenta a sequência correta:

a) V, F, V, F, F.
b) F, F, V, F, F.
c) V, V, V, F, F.
d) V, F, F, F, F.
e) V, F, V, V, F.

Aprendizagens industriais

Destilações reflexivas

1. Como as práticas de esterilização e de desinfecção que adotamos em nosso dia a dia em ambientes domésticos, de trabalho ou de saúde influenciam a prevenção de doenças e a manutenção da saúde coletiva? Reflita sobre a importância desses processos e avalie como eles contribuem para a segurança e o bem-estar de todos.

2. Ao considerar as diferenças entre os processos de fermentação submersa e em estado sólido, reflita sobre a influência dessas técnicas na indústria de alimentos e em práticas sustentáveis. Analise como essas formas de fermentação influenciam não apenas a produção de alimentos como também o aproveitamento de subprodutos e a redução de resíduos, levando em conta aspectos econômicos e ambientais.

Prática concentrada

1. Suponha que você é o profissional técnico responsável por uma fábrica de laticínios e está enfrentando um problema de contaminação bacteriana em um dos produtos fermentados. Após análises laboratoriais, foi identificado que a contaminação ocorre durante o processo de fermentação submersa. Além disso, você precisa otimizar o processo de produção de um novo queijo fermentado em estado sólido. Levando em conta a fermentação submersa e em estado sólido, assim como os processos de esterilização e de desinfecção, descreva ações específicas que devem ser adotadas para resolver esses problemas e garantir a qualidade dos produtos fermentados. Explique as etapas do processo de esterilização e de desinfecção que você implementaria e esclareça como podem prevenir a contaminação bacteriana. Além disso, destaque as medidas necessárias para otimizar a produção de queijo fermentado em estado sólido,

considerando a seleção de microrganismos, os substratos adequados e as condições de assepsia. Lembre-se de contemplar aspectos como segurança alimentar, eficiência operacional e sustentabilidade em sua resposta.

Capítulo 4

Biorreatores

Neste capítulo, abordaremos os tipos de biorreatores, sua utilidade, seu funcionamento, suas variações de escala e as diferentes formas de operação desses equipamentos.

Trataremos das diferentes fases de crescimento das células, das vantagens e desvantagens dos processos de fermentação contínua, descontínua e descontínua alimentada, bem como do uso do reciclo na fermentação.

O principal objetivo deste capítulo é fornecer conteúdo abrangente sobre os biorreatores utilizados na fermentação industrial e, ainda, sobre os diferentes aspectos relacionados à sua operação e otimização. Com essas informações, profissionais e pesquisadores podem tomar decisões fundamentadas e aplicar as melhores práticas para obter resultados mais eficientes e de maior qualidade nos processos fermentativos industriais.

Em ebulição!

Biorreatores são equipamentos utilizados para manter as células vivas e promover seu crescimento durante bioprocessos. As células vivas têm sido amplamente usadas na indústria biotecnológica como substratos para a fabricação de produtos químicos, alimentícios e destinados à agricultura. O emprego de microrganismos no ramo biotecnológico constitui-se em um processo por vezes complexo, mas altamente viável economicamente e que tem movimentado milhões de dólares de investimento e lucratividade no mundo todo. Atualmente, são utilizadas células vivas de microrganismos e de animais, como mamíferos, para produzir uma imensidade de produtos, como insulina, antibióticos e polímeros. Além disso, tem sido pesquisada a possibilidade de fabricar produtos químicos derivados do petróleo por meio de células vivas para reduzir a dependência de matérias-primas não renováveis.

Os bioprocessos têm diversas vantagens, pois, além de mais sustentáveis, podem alcançar altos rendimentos e empregar catalisadores estereoespecíficos, ou seja, que promovem a produção mais rápida e específica de determinado produto. Outra vantagem é que os microrganismos podem ser modificados geneticamente e transformados em fábricas químicas vivas direcionadas para produzir o que for de interesse. Um exemplo disso é o caso da empresa Biotechnic International, que modificou o DNA recombinante de uma bactéria para desenvolver fertilizantes por meio da conversão de nitrogênio em nitratos. A biotecnologia também pode ser utilizada para promover energia renovável mediante a síntese da biomassa, em que ocorre crescimento celular. A empresa ExxonMobil, por exemplo, desenvolveu a síntese de algas em tanques contendo resíduos para produzir gasolina, o que lhe rendeu retorno de 2 mil galões de combustível alternativo por ano.

4.1 Variação de escala dos biorreatores

O início de um processo biotecnológico comumente ocorre em menor escala, ou seja, com uma produção menor. À medida que são desenvolvidas condições econômicas e de alto rendimento, busca-se avaliar se é vantajoso, ou não, aumentar a produção.

Para isso, uma opção é aumentar a escala dos biorreatores, isto é, empregar reatores com tamanho maior, que proporcionam volumes mais elevados dos produtos de interesse. Essa variação de **escala de um reator menor para um maior** é chamada de *scale-up*.

Existe também a variação de uma **escala maior para uma escala menor**, denominada *scale-down*. Essa estratégia é utilizada quando é preciso fazer algum ensaio em menor produção para realizar alguns testes alternando as variáveis do processo e para averiguar a produtividade, a versatilidade e a economia do processo.

Dessa maneira, a variação de escala é utilizada, geralmente, para estudos em biorreatores menores, como os de bancada e piloto, para depois transpor para a escala maior, que é a industrial, e vice-versa.

A Figura 4.1 ilustra essas três possibilidades de escala dos biorreatores.

Figura 4.1 – Escalas de operação dos biorreatores

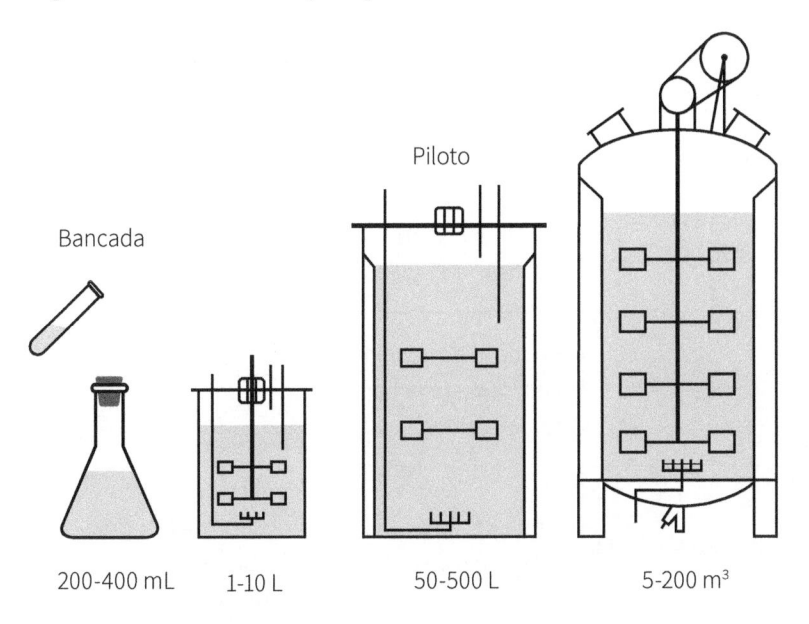

Bancada		Piloto	
200-400 mL	1-10 L	50-500 L	5-200 m³

Fonte: Schmidell, 2021, p. 118.

De maneira crescente em volume e em capacidade, os biorreatores de bancada são os de menor volume, utilizados para testes em laboratório; a escala piloto é empregada para testes antes de usar a escala industrial, que são equipamentos com volumes maiores. Na indústria, conforme indica a Tabela 4.1, dependendo do processo realizado, utilizam-se biorreatores de diferentes capacidades.

Tabela 4.1 – Escalas usuais de biorreatores na indústria

Capacidade do reator (litros)	Emprego usual	Observações
100-2.000	Microrganismos patogênicos.	Preocupação com biossegurança.
100-20.000	Células animais e vegetais.	Produção de produtos de alto valor agregado e baixa demanda.
50.000-500.000	Produção de enzimas, antibióticos, vitaminas e aminoácidos.	Equilíbrio entre economia de escala e limitações de transferências de massa e energia.
100.000-2.000.000	Fermentação alcoólica; tratamento de resíduos.	Menor ou nenhuma exigência de assepsia; produtos de baixo valor agregado.

Fonte: Schmidell, 2021, p. 110.

Em uma indústria, dependendo do produto de interesse que será produzido, podem ser utilizados diferentes biorreatores em escala piloto e industrial de diferentes volumes, como intermediários do processo. Dessa forma, é possível empregar um biorreator industrial inicial, como um pré-fermentador para preparar o inóculo, e, depois, com um volume maior, utilizar o reator final para a etapa da fermentação propriamente dita.

Para a produção de enzimas, por exemplo, geralmente, o biorreator industrial final terá um volume de centenas de milhares de litros. Diante disso, a escala piloto terá um volume da ordem de milhares a dezenas de milhares de litros.

Outro exemplo é a produção de vacinas bacterianas, em que o biorreator industrial poderá ter centenas de litros e a escala piloto poderá ter em torno de algumas dezenas de litros.

Os problemas principais relacionados à ampliação de escala em bioprocessos está em reproduzir na escala industrial as mesmas condições ambientais que foram produzidas nas escalas menores, de bancada e piloto. Existem alguns fatores físicos que dependem da escala do reator e que devem ser avaliados quando se aumenta o volume do reator, como a velocidade de transferência de oxigênio, o grau de mistura, o consumo de potência e as condições de cisalhamento colocadas sobre as células no reator. Por conseguinte, há alguns critérios que devem ser avaliados antes de ampliar a escala dos biorreatores. Como principais critérios, citamos:

a. constância do tempo de mistura;
b. constância da potência no sistema não aerado;
c. constância da transferência de oxigênio;
d. constância da concentração de oxigênio dissolvido;
e. constância do número de Reynolds $\left(Re = \dfrac{\rho V D}{\mu} \right)$,

que relaciona a massa específica do fluido (ρ); a velocidade média do fluído (V); o diâmetro hidráulico do reator (D); e a viscosidade dinâmica do fluido (μ). O número de Reynolds indica a condição do escoamento: se é laminar com 0 < Re < 2 000 ou turbulento para Re > 4 000.

De maneira convencional, para a ampliação de escala, mantém-se a configuração geométrica semelhante para o novo reator e fixa-se um desses critérios. Mantendo-se um critério conservado, por meio de tentativas, encontram-se as condições de operação para os outros critérios na nova escala que reproduzam melhor os desempenhos da escala menor.

4.2 Biorreatores de células livres

Os biorreatores podem ser utilizados com células livres ou imobilizadas, podem ter agitação mecânica ou pneumática, podem permitir cultivo em fase aquosa (cultivo submerso) ou no estado sólido ou podem ser destinados para microrganismos.

Nos reatores com **células livres em suspensão**, quando ocorre a retirada da solução de dentro do reator, as células são removidas juntamente. Para possibilitar essa utilização dos biorreatores, foram desenvolvidos alguns tipos de biorreatores, como os ilustrados na Figura 4.2.

Figura 4.2 – Tipos de biorreatores de células livres

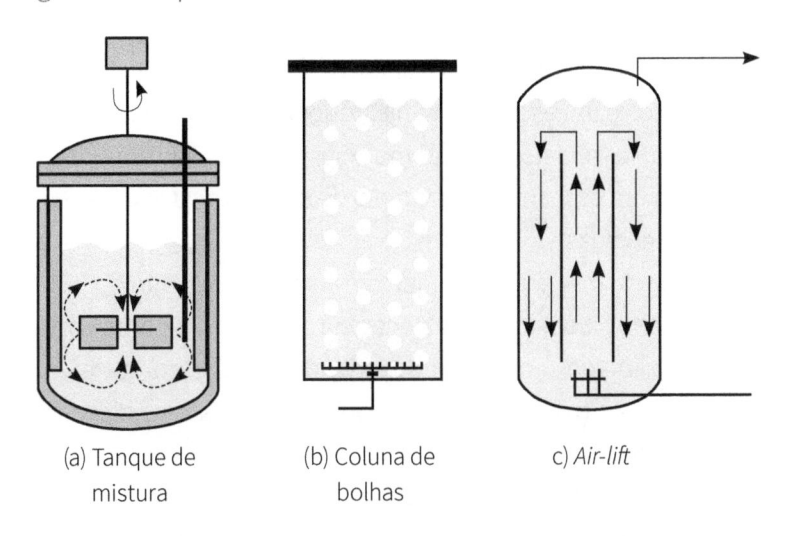

(a) Tanque de mistura (b) Coluna de bolhas c) *Air-lift*

Fonte: Schmidell, 2021, p. 112.

Os biorreatores de tanque de mistura, como o da Figura 4.2 (a), podem ser agitados mecanicamente ou pneumaticamente. Os biorreatores de tanque agitado mecanicamente são os mais empregados para pesquisas em laboratório e em âmbito industrial. Ele é um tanque cilíndrico, geralmente de aço inoxidável, de aço carbono ou de vidro. Nesse tipo de reator, a agitação da mistura ocorre pela ação de impelidores fixados no eixo central do tanque. Além disso, podem ser utilizadas chicanas verticais nas paredes do reator para proporcionar melhor homogeneização, ampliar a transferência de oxigênio e evitar a formação de vórtices.

Nos biorreatores de tanque agitado pneumaticamente, a homogeneização ocorre pela injeção de gás. Eles podem ser no modelo em coluna de bolhas, conforme ilustrado na Figura 4.2 (b), em que ocorre um escoamento aleatório das fases líquida e gasosa, ou no modelo *air-lift*, como o ilustrado na Figura 4.2 (c), em que há um escoamento por meio de canais construídos com direções definidas.

No modelo *air-lift*, o meio líquido é aerado para o alto do cilindro interno do reator, onde ocorre a separação de uma parte do gás, e o líquido com menor quantidade de gás escoa para baixo do reator, permitindo, dessa forma, uma mistura efetiva das fases gás e líquida.

Algumas das vantagens desses reatores são a menor necessidade de manutenção e a redução de possíveis contaminações no meio, em razão da ausência de partes móveis para fazer a agitação.

4.3 Biorreatores de células imobilizadas

Nos reatores que operam com células imobilizadas, as células são confinadas em suportes ou entre membranas, de modo que haja a maior concentração possível de células ou enzimas dentro dele.

Esse tipo de reator pode ser mais produtivo do que os de células livres, porque as células, os agentes que promovem a transformação dos bioprodutos, estão presentes de maneira contínua no reator. Além disso, possibilita um reaproveitamento direto das células para o próximo bioprocesso e facilita as etapas seguintes de purificação, já que o bioproduto sai do reator sem a presença das células.

Figura 4.3 – Tipos de biorreatores de células imobilizada

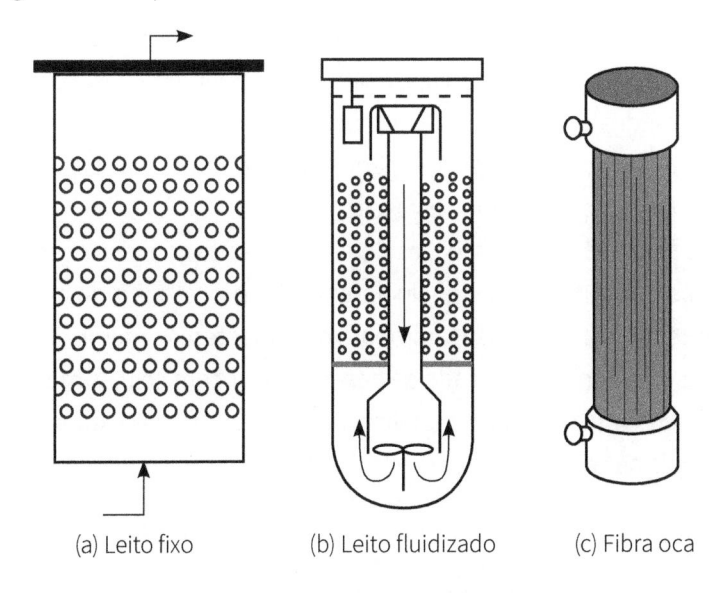

(a) Leito fixo   (b) Leito fluidizado   (c) Fibra oca

Fonte: Schmidell, 2021, p. 112.

A imobilização pelas células consiste em um confinamento físico em que as células permanecem íntegras em determinada superfície. Entre essas superfícies existem os suportes em fase sólida, que podem ser de materiais como alginato, k-carragena ou vidro. Os suportes ajudam a manter as células retidas para que, quando haja troca de fluidos, elas não sejam carregadas para fora do reator, como acontece com as células livres.

Esses suportes podem estar acoplados a biorreatores de leito fixo, como o ilustrado na Figura 4.3 (a), ou em biorreatores de leito fluidizado, como o ilustrado na Figura 4.3 (b), em que ocorre a circulação do meio de cultura.

Outra maneira de confinar as células é por meio de membranas, utilizadas em biorreatores de fibra oca, como o ilustrado na Figura 4.3 (c). Nesse tipo de confinamento, as células ficam retidas em seus poros, mas ocorre a passagem de substâncias como glicose e oxigênio e de produtos e subprodutos do processo, como ácidos e gases.

As membranas são capazes de reter uma alta concentração de células e são utilizadas, principalmente, em processos industriais mais lentos, como os de tratamento de efluentes. As membranas são usadas também quando se deseja operar com células mais sensíveis, uma vez que a imobilização por membranas expõe as células a baixas de tensões de cisalhamento.

4.4 Forma de operação dos biorreatores: fermentação descontínua

Além de haver vários tipos de biorreatores, existem diferentes formas de operação dos processos fermentativos, caracterizadas em função de como são adicionados os substratos e de como são retirados os produtos dos biorreatores.

Para isso, são descritas três classificações principais: (1) fermentação descontínua, (2) fermentação descontínua alimentada e (3) fermentação contínua, como vemos na Figura 4.3.

Figura 4.3 – Formas de operação nos processos fermentativos

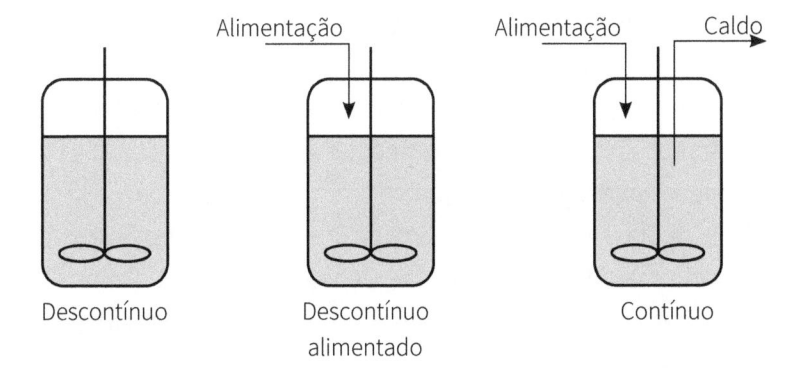

| Descontínuo | Descontínuo alimentado | Contínuo |

Fonte: Schmidell, 2021, p. 118.

O processo de fermentação descontínua, também conhecido como *processo em batelada* (*batch*), é o modo mais simples de operação de um biorreator. Nesse tipo de processo, após a preparação e a adição de substratos, nutrientes e meio de cultura ao reator, tem início a fermentação e **não se adiciona ou se retira nenhum caldo** (solução que foi metabolizada) do biorreator enquanto ocorre a operação.

Depois do início da metabolização, há uma redução na concentração dos substratos conforme ocorrem o crescimento das células e a formação de produtos. Esse processo pode ser descrito por uma cinética característica (Figura 4.4), para a qual, primeiramente, há a fase de crescimento (fase *lag*), em que ocorre a adaptação do meio de cultura; em seguida, acontecem a fase exponencial, a fase de desaceleração, a fase estacionária e ainda, ocasionalmente, a fase de declínio.

Na fase exponencial, a velocidade específica de crescimento é constante e máxima, e o logaritmo natural da concentração celular aumenta linearmente com o tempo. Durante essa fase, as células multiplicam-se em um intervalo de tempo fixo, indicando estabilidade das células. Depois disso, quando ocorre uma limitação de algum substrato ou nutriente, há uma retenção na produção de células.

O que também acarreta a contenção de produção exponencial de células é a inibição causada pelo meio, quando há um excesso de produção de álcoois, de ácidos acéticos ou láticos, ou até mesmo pelo acúmulo de ácidos voláteis que reduzem o pH.

Para evitar limitação de substratos ou inibição pela produção em excesso de outros substratos do metabolismo, uma alternativa é optar pelo processo descontínuo alimentado, em que podem ser adicionados nutrientes e substratos ao longo do tempo.

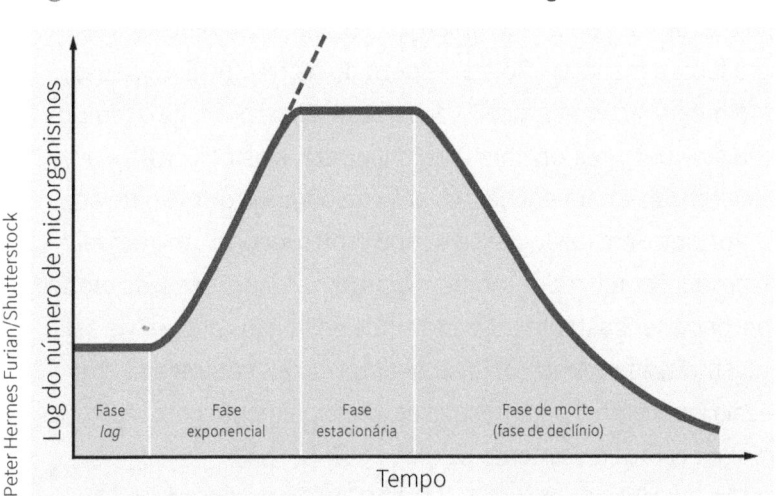

Figura 4.4 – Curva de crescimento dos microrganismos

Gráfico: Log do número de microrganismos (eixo y) vs. Tempo (eixo x), mostrando as fases: Fase lag, Fase exponencial, Fase estacionária, Fase de morte (fase de declínio).

Peter Hermes Furian/Shutterstock

O processo descontínuo pode ser empregado para estudar a cinética de consumo de substratos, o crescimento celular a produção de produtos ao longo do tempo. Além disso, é um processo de fácil operação e pouca manutenção, uma vez que não tem entradas nem saídas de substratos ou de produtos ao longo do tempo, o que é uma vantagem.

Todavia, como se trata de um sistema em batelada, ou seja, um sistema fechado, depois que são adicionados os microrganismos e os substratos ao biorreator, não é possível fazer nenhum ajuste ou alteração do metabolismo celular. Assim como não é adicionado mais nenhum meio de cultura ao biorreator, a produtividade de produção de células e de produto alcançada é baixa.

Para a operação em batelada na indústria, é necessário projetar um tempo morto no processo, isto é, o tempo necessário para fazer a manutenção e a limpeza do biorreator. Essa pausa, geralmente, acontece a cada duas bateladas e abrange o tempo para esvaziar o reator, para fazer a limpeza, a esterilização e a manutenção e para encher novamente para a próxima batelada.

Portanto, em razão desse tempo morto, ocorre um intervalo de produção que reduz também a produtividade. Por esse motivo, apesar de ser bastante utilizado ainda em alguns processos industriais, a fermentação descontínua é mais empregada em escala laboratorial para pesquisas, principalmente para o estudo da cinética de crescimento celular.

Um exemplo de operação em batelada é a produção de comprimidos, pomadas e injetáveis do ramo farmacêutico, no qual cada lote é produzido de modo descontínuo, descrito na embalagem com as datas de fabricação e validade.

4.5 Forma de operação dos biorreatores: fermentação descontínua alimentada

Conhecida também como *batelada alimentada*, *semibatelada* ou *fed-batch*, a fermentação descontínua alimentada foi desenvolvida como um processo alternativo ao realizado em batelada.

A fermentação descontínua alimentada consiste na adição dos substratos e dos microrganismos ao biorreator no início do processo, mas com alimentação de nutrientes e mais substratos ao longo do tempo. Essa alimentação pode ser feita de diversas maneiras, de acordo com a estratégia de produção: **alimentação constante**, em que é adicionada a mesma concentração de substrato de modo contínuo ou variável; ou **alimentação em pulso**, em que ocorre a adição de mais substrato a cada determinado intervalo de tempo.

Para cada processo, é possível estudar a adição de substratos no decorrer do tempo à medida que vão sendo consumidos os substratos já adicionados, de forma que não acabe o substrato limitante. O emprego de uma alimentação adequada sem esgotar os substratos pode promover um processo de contínua e efetiva produtividade, mantendo praticamente constante a velocidade específica de crescimento, em um estado pseudoestacionário.

Esse estado é caracterizado por apresentar concentração de substrato quase constante, em que se observa a adição da alimentação seguindo um comportamento exponencial com o tempo. Desse modo, o aumento na alimentação de substrato é compensado pelo consumo das células que crescem exponencialmente, promovendo uma constância na contração de substrato e a inalteração no metabolismo celular.

No processo de fermentação descontínua alimentada, se a adição inicial de substratos no biorreator foi com alta concentração de nutrientes, não será necessário acrescentar um volume muito grande de alimentação durante o processo. Se isso ocorrer, não vai interferir muito no volume final do processo, podendo-se desconsiderar a variação de volume no reator.

É importante avaliar o volume do reator, pois, na fermentação descontínua alimentada, não ocorre a retirada de produto ou do meio de cultura ao longo do tempo, o que proporciona um aumento gradativo do volume de solução no interior do biorreator.

Nos processos descontínuos alimentados, ocorre a **variação ao longo do tempo** da **concentração de células (X)**, **substratos (S)** e **produtos (P)**, porque, de acordo com a alimentação, ocorre transfiguração no crescimento celular, no consumo de substratos e na formação de produtos.

Como nesse tipo de fermentação é possível controlar a vazão de alimentação, podendo haver uma vazão menor ou mais elevada, essa opção é indicada para uma ampla gama de aplicações:

- para processos em que ocorre inibição por substrato, com adição baixa e controlada de substrato;
- para obtenção de altas concentrações celulares, com controle da alimentação para atingir alta concentração de células em menor tempo de cultivo;
- para controlar o transbordamento metabólico, com adição controlada de substrato para impedir a produção de catabólitos inibidores, como ácido acético e ácido lático;
- para controlar a produção de etanol, com alimentação controlada de substrato para que ele não seja consumido para formar etanol em vez de produzir células;
- para reposição de água e diluição do caldo, com alimentação de água no biorreator.

4.6 Forma de operação dos biorreatores: fermentação contínua

O processo de fermentação contínua opera com vazões de entrada e de saída do biorreator. Nessa operação, ocorrem uma entrada constante do meio de cultura e uma saída de mesma vazão, de maneira que o volume do reator permaneça constante no decorrer do tempo.

No início da fermentação, ocorre apenas um cultivo descontínuo e, depois da fase exponencial, iniciam-se a entrada de substrato e a saída de caldo. Mesmo em processos contínuos, em determinado instante de tempo, atinge-se o estado estacionário, em que não ocorre mais alteração na concentração de substrato, células e produtos dentro do reator, pois o que entra se iguala ao que sai, uma vez que a velocidade específica de crescimento celular é inferior à da fase exponencial.

Apesar disso, por um extenso período, alcança-se uma alta produtividade, o que caracteriza uma grande vantagem do emprego da fermentação contínua. Os bons rendimentos sucedem-se em razão do controle de vazão de entrada e de saída do biorreator, o que permite administrar as grandezas do processo.

A vazão de saída do biorreator deve ser bem controlada, pois, se for utilizada uma vazão muito alta, pode ocorrer uma lavagem no reator, conhecida como *wash-out*, em que se verifica uma saída de células maior do que o crescimento celular interno.

Dessa maneira, não se observa um estado estacionário, pois decresce exponencialmente a concentração de células no interior do reator. Quando isso ocorre, utiliza-se um sistema de reaproveitamento celular, o reciclo, no qual as células que saíram retornam ao reator por meio de uma corrente de entrada.

Essa fermentação contínua com reciclo é muito utilizada para alcançar altas concentrações de células dentro do reator, mesmo em processos cuja velocidade específica de crescimento celular é baixa. Esse sistema promove alta produtividade e viabilidade a processos que não eram interessantes economicamente.

Outra vantagem dos processos contínuos com reciclo é o menor tempo de residência dos produtos dentro do reator, o que aumenta a produção e diminui riscos, como a degradação do produto. Além disso, consegue-se reduzir o tempo morto, de descarga, de limpeza, de esterilização e de carga do biorreator. Os produtos são obtidos com mais homogeneidade e é possível utilizar automação para controle das correntes de entrada e de saída, o que facilita a monitoração do processo.

Em ebulição!

Tempo de residência é o tempo médio que as moléculas permanecem dentro do reator. É o tempo que as moléculas demoram desde a entrada até a saída do reator. As moléculas podem ser os substratos ou as células que se transformam, ou não, em mais células e produtos.

Existem, no entanto, algumas desvantagens, como a dificuldade de manter a assepsia por muito tempo e a possibilidade de mutação das células, pela alta multiplicação e limitação de nutrientes, o que pode acarretar a redução da produção inicialmente estimada.

Citamos dois exemplos principais de reatores que operam de modo contínuo: o reator de tanque agitado contínuo (CSTR) e o reator de escoamento uniforme (PFR).

No CSTR, também chamado de *reator de retromistura* ou *tanque de reação*, opera-se assumindo uma mistura perfeita dos reagentes e em regime estacionário, isto é, não ocorre variação de temperatura, concentração ou velocidade da reação com o tempo dentro do reator.

Mais empregado para reações em fase gasosa, o reator PFR, conhecido como *reator tubular* porque consiste em um tubo cilíndrico, também é utilizado em regime estacionário, em que as variáveis de entrada, em qualquer ponto dentro do reator ou de saída apresentam os mesmos valores.

Em ebulição!

A operação contínua é empregada, por exemplo, na indústria siderúrgica, em que os processos não podem ser interrompidos. Um exemplo disso é que, se ocorrer uma parada em uma planta para produção de aço, podem acontecer danos irreversíveis nos equipamentos usados no processo.

Na Tabela 4.2, apresentamos uma comparação do tempo de residência médio e da capacidade de produção de biorreatores contínuos e em batelada.

Tabela 4.2 – Tempo de residência e capacidade de produção de biorreatores

Tipo de reator	Tempo de residência médio	Capacidade de produção
Batelada	15 minutos a 20 horas	Poucos kg/dia a 100 mil t/ano
CSTR	10 minutos a 4 horas	10 a 3 milhões t/ano
Tubular ou PFR	0,5 segundo a 1 hora	50 a 5 milhões t/ano

Fonte: Fogler, 2014, p. 49.

O tempo de residência médio das células dentro dos biorreatores pode ser calculado desde sua entrada, como substratos e células, englobando sua transformação, ou não, em mais células e em produtos, até sua saída. Esse tempo varia conforme o tipo de reator, em função do tipo de substrato empregado e do produto de interesse que será produzido.

Em virtude disso, conforme indicamos na Tabela 4.2, existe uma variação grande do tempo de residência e da capacidade de produção entre os biorreatores.

Composição sintetizada

Neste capítulo, tratamos do biorreator, equipamento principal de um processo biotecnológico, e de suas configurações, que podem ser escolhidas em função do processo e do produto de interesse. Esclarecemos que os reatores podem ser com células imobilizadas ou livres; com operação de maneira descontínua, descontínua alimentada ou contínua; e com escala de bancada, piloto ou industrial.

Com relação às formas de operação dos biorreatores, destacamos que sua escolha varia conforme os substratos utilizados e os produtos que se quer obter. Como afirmamos, não existe uma forma única de operação, pois é possível escolher e testar várias formas e avaliar as vantagens e as desvantagens do processo.

No processo descontínuo, é possível estudar a cinética de consumo dos substratos (S), a produção de células (X) e a formação de produto (P), mantendo-se as demais varáveis do processo constantes, como pH, temperatura, meio de cultura, oxigênio dissolvido e carga orgânica. Como ressaltamos, essa forma de operação não proporciona, no entanto, uma alta concentração de produtos em razão da limitação de nutrientes, já que não há a adição de substratos ao longo do tempo.

Já no modo de operação descontínuo alimentado, há a adição de substratos e nutrientes de maneira gradativa, conforme o interesse do processo, o que pode viabilizar uma maior concentração de produto, visto que o crescimento celular é prolongado.

Nos sistemas de fermentação contínua, observam-se correntes de entrada e de saída do biorreator, o que promove maior controle de operação. Na operação contínua, depois que se alcança o estado estacionário, podem ser obtidos altos níveis de produtividade.

Por fim, abordamos outra forma de operação: a utilização de reciclo no processo, em que se reaproveitam as células e nutrientes que foram arrastados para fora do reator.

Autotestes fermentativos

1. Assinale a alternativa correta sobre a variação de escala dos biorreatores:
   a) A variação de escala de um reator menor para um maior é chamada de *scale-down*.
   b) A variação de escala é utilizada, geralmente, para estudos em biorreatores menores, como os de bancada e piloto, para depois transpor para a escala maior, que é a industrial, e vice-versa.
   c) *Scale-up* é a variação de escala de reator com volume menor, como o de escala industrial, para os de volume maior, como os de escala piloto.
   d) A escala piloto é uma escala de reator com elevada capacidade de produção, utilizado em substituição aos reatores industriais, já em desuso.
   e) A variação de escala *scale-up* é utilizada quando se precisa fazer algum ensaio em menor produção para realizar alguns testes alterando as variáveis do processo e para averiguar a produtividade, a versatilidade e a economia do processo.

2. Avalie as afirmativas a seguir sobre o processo de fermentação que ocorre nos biorreatores.
   I. Durante a fermentação, ocorrem o cultivo das células e a produção de novas células e de produtos.
   II. O crescimento nos biorreatores é autocatalítico, de maneira que, quanto menor for a concentração de células, menor será a velocidade de crescimento celular e de consumo de substratos.
   III. Diferentes condições de operação do biorreator podem influenciar a velocidade de produção e a produtividade.

   Assinale a alternativa correta:
   a) Apenas a afirmativa I está correta.
   b) Apenas a afirmativa II está correta.
   c) Apenas as afirmativas I e III estão corretas.
   d) Apenas as afirmativas II e III estão corretas.
   e) Apenas as afirmativas I e II estão corretas.

3. Considerando que os biorreatores podem ser utilizados ou com células livres ou com células imobilizadas, analise as afirmações a seguir e indique V para as verdadeiras e F para as falsas.
   ( ) Nos biorreatores de células imobilizadas, quando ocorre a retirada da solução de dentro do reator, as células também são removidas.
   ( ) Os biorreatores de células imobilizadas podem ser classificados em reatores do tipo leito fixo, leito fluidizado e fibra oca.

( ) Nos biorreatores de células livres, as células são confinadas em suportes ou entre membranas, de maneira que permaneça a maior concentração possível de células ou enzimas dentro do reator.

( ) Os biorreatores de células livres podem ser do tipo tanque de mistura, coluna de bolhas ou *air-lift*.

Agora, assinale a alternativa que apresenta a sequência correta:

a) F, F, V, V.
b) V, V, F, F.
c) F, V, V, F.
d) V, F, V, F.
e) F, V, F, V.

4. Considere as afirmativas a seguir sobre as formas de operação dos biorreatores.

I. A forma mais simples é a operação em batelada, na qual não é adicionado ou retirado nenhum caldo do biorreator durante o processo.

II. A operação descontínua alimentada ocorre com alimentação de nutrientes e mais substratos no decorrer do tempo.

III. O processo que opera com vazões de entradas e de saídas do biorreator ao longo do tempo é a operação descontínua.

IV. Na operação contínua, o volume do reator se altera com o passar do tempo.

Assinale a alternativa correta:
a) Apenas as afirmativas I e III são verdadeiras.
b) Apenas as afirmativas I e II são verdadeiras.
c) Apenas as afirmativas II e III são verdadeiras.
d) Apenas as afirmativas II, III e IV são verdadeiras.
e) Todas as afirmativas são verdadeiras.

5. Com relação aos biorreatores e ao seu tempo de residência, assinale a alternativa **incorreta**:
   a) Os reatores tubulares (PFR) são empregados para reações com fluidos em fase líquida.
   b) Tempo de residência é o tempo médio que as moléculas permanecem dentro do reator.
   c) O tempo de residência varia conforme o tipo de reator, em função do tipo de substrato empregado e do produto de interesse.
   d) O tanque de retromistura (CSTR) opera assumindo uma mistura perfeita dos reagentes e em regime estacionário.
   e) O tempo de residência dos biorreatores em batelada pode ser mais longo do que para o dos reatores PFR e CSTR.

Aprendizagens industriais

Destilações reflexivas

1. Para definir a forma de operação, o tipo do biorreator, o uso de células livres ou imobilizadas e sua escala, em que devemos nos basear? Justifique sua resposta em um texto escrito.

2. Existe uma forma de operação (descontínua, descontínua alimentada ou contínua) que pode ser definida como a melhor? Justifique sua resposta em um texto escrito.

Prática concentrada

1. Imagine que você é o responsável técnico em uma indústria alimentícia que está enfrentando um desafio na produção de produto por meio de fermentação descontínua alimentada em biorreatores. Durante a operação, você percebe que a taxa de crescimento microbiano não está atingindo o valor desejado, afetando a produtividade do processo. Levando em conta a forma de operação dos biorreatores e a fermentação descontínua alimentada, descreva ações específicas que você tomaria para solucionar esse problema e otimizar a produção. Analise os possíveis fatores que podem estar influenciando a taxa de crescimento microbiano e proponha estratégias para melhorar a eficiência do processo. Considere aspectos como o controle dos nutrientes alimentados, o monitoramento dos parâmetros de pH e temperatura, a otimização da aeração e da agitação, além de possíveis ajustes no tempo de alimentação. Explique como essas medidas podem impactar a taxa de crescimento microbiano e a produtividade do processo.

Capítulo 5

Produção de laticínios, pães, álcoois, ácidos e enzimas

Neste capítulo, apresentaremos as formas de fermentação para a obtenção de produtos químicos e biotecnológicos. Abordaremos também os processos de produção de alimentos lácteos e de vários tipos de bebida. Além desses temas, ressaltaremos a importância da atuação das enzimas e dos microrganismos na biotecnologia.

O principal objetivo deste capítulo é esclarecer as diferenças e as semelhanças entre os processos de produção de cada produto fermentado abordado neste capítulo, relacionando-os com os conteúdos tratados anteriormente, como tipos de microrganismos, vias metabólicas de fermentação e tipos de fermentação e de reatores.

5.1 Fermentação para a fabricação de produtos lácteos e pães

O leite utilizado como matéria-prima para a produção de seus derivados já tem em sua composição microrganismos originados durante o processo de ordenha, em razão dos organismos presentes no corpo do gado leiteiro e no ambiente das fazendas.

Esses microrganismos podem ser tanto benéficos quanto prejudiciais ao leite como alimento. A alta concentração de nutrientes do leite propicia o rápido desenvolvimento dos microrganismos, que, por um lado, auxiliam a indústria de alimentos na produção de queijos, por exemplo, porque contribuem no processo de fermentação por meio do consumo de proteínas do leite.

Por outro lado, esses mesmos microrganismos podem degradar o leite e seus derivados, reduzindo sua vida útil e contaminando-os, fazendo com que sejam impróprios para o consumo. Nesse sentido, para evitar a contaminação do leite, alguns cuidados com relação à higiene são essenciais na ordenha e durante o transporte até as indústrias.

Depois de chegar às indústrias, o leite deve passar por análises laboratoriais para avaliar pH, acidez, densidade, cor e odor.
Na sequência, o leite passa por processos de resfriamento e de filtração, para a retenção de partículas maiores.

Posteriormente, são realizados alguns processos para a padronização da porcentagem de gordura, de acordo com o tipo de leite. A determinação dessa porcentagem é feita por meio do teste de densidade.

Para leite integral, por exemplo, a porcentagem de gordura não deve ser inferior a 3%; para leite semidesnatado, varia de 0,6% a 2,9% de gordura; para leite desnatado, a porcentagem de gordura deve ser em torno de 0,5%.

O primeiro processo para fazer a padronização do leite é o **desnate**, em que ocorre a remoção da gordura do leite por meio da técnica de centrifugação. Para isso, o leite passa por um intenso processo de rotação em que a parte sólida (gordura) se separa da parte líquida. Em seguida, para impedir o desenvolvimento de microrganismos, ocorre a etapa do **tratamento térmico**, que consiste no armazenamento do leite na temperatura de 5 °C.

Esse controle da temperatura segue até a etapa da **pasteurização**, em que pode ser feito o aquecimento do leite de maneira lenta, em torno de 65 °C durante 30 minutos, ou de modo rápido, com aquecimento até 72 °C durante 15 minutos. Para a padronização, essa etapa de pasteurização serve para eliminar microrganismos patogênicos.

Para a produção do leite homogeneizado, conhecido como UHT, há ainda a etapa da **esterilização**, processo que ocorre a 130 °C durante quatro segundos. Nela ainda existe a presença de microrganismos, mas que são incapazes de se multiplicar porque o processo da embalagem ocorre na ausência de oxigênio.

Figura 5.1 – Etapa de pasteurização do leite em grande escala

5.1.1 Leites fermentados

Os leites fermentados, conhecidos também como *iogurtes*, são produzidos pela fermentação do açúcar do leite, a lactose. Para isso, comumente são utilizadas as bactérias do tipo *Streptococcus thermophilus* e *Lactobacillus bulgaricus*. Os iogurtes podem ser classificados em três tipos:

1. **Iogurte tradicional**: o processo fermentativo ocorre na própria embalagem, fornecendo uma consistência mais firme do que a da coalhada. Ele pode ser produzido no sabor natural ou com sabor de frutas.
2. **Iogurte batido**: o processo fermentativo ocorre em uma fermentadeira. Ele também pode ser produzido com sabor natural ou com sabor de frutas.
3. **Iogurte líquido**: o processo fermentativo também ocorre em uma fermentadeira, mas adquire uma consistência mais fluida e com menos viscosidade. Geralmente, ele recebe o sabor de uma fruta e é comercializado em garrafas.

Para dar início à produção dos leites fermentados, primeiramente, são acrescidos ao leite açúcares, espessantes, conservantes e substâncias que proporcionem maior teor de sólidos, como leite em pó, leite condensado e ágar-ágar. Essa adição de substâncias sólidas é necessária para atender à legislação que determina que os iogurtes devem ter um teor de sólidos de 14% a 15%.

Os ingredientes são todos homogeneizados e passam pelo processo de pasteurização, no qual, por meio de aquecimento, ocorre a destruição de organismos patogênicos, além da inativação de enzimas que degradam a gordura e podem provocar uma rancificação* no produto.

Após a pasteurização, tem início o processo de **fermentação**. Para isso, a mistura inicial passa para uma fermentadora, conhecida também como *iogurteira*. O processo ocorre durante 4 a 6 horas, a uma temperatura de 42 °C, que é recomendada para a inoculação dos microrganismos que se constituem no fermento lácteo.

Reação interessante

O fermento lácteo é um conjunto de microrganismos, principalmente bactérias do ácido lático, utilizados na produção de produtos lácteos fermentados, como o iogurte. Esses microrganismos são responsáveis por converter a lactose presente no leite em ácido lático, resultando na fermentação e na coagulação do leite. O fermento lácteo é adicionado no início da etapa de fermentação do processo de produção de iogurte.

No início da fermentação, o pH está em torno de 6,7, condição em que a bactéria *Streptococcus thermophilus* tem sua maior atividade. Durante a fermentação, no entanto, o pH vai diminuindo e a bactéria *Lactobacillus bulgaricus* vai aumentando sua atividade. Conforme se produz mais ácido lático, o meio vai ficando mais ácido e a bactéria *Streptococcus thermophilus* vai

---

* Rancificação é o um processo que pode afetar alimentos ricos em gorduras e óleos, no qual as gorduras de óleos são oxidadas ou hidrolisadas ou pela ação do ambiente, como luz e oxigênio, ou pela ação de microrganismos e enzimas. Esse processo causa sabor e odor desagradáveis nos alimentos.

perdendo sua atividade, restando somente a atuação da bactéria *Lactobacillus bulgaricus*. Por fim, quando o pH chega próximo a 4,3, os dois microrganismos são inativados.

Após a fermentação, ainda dentro da fermentadora, o iogurte é **resfriado** até a temperatura de 10 °C, de maneira lenta para impedir que a coalhada seja contraída. A redução da temperatura objetiva diminuir a atividade dos microrganismos e parar a redução do pH, que deve estar em torno de 4,5 depois dessa etapa. Em seguida, a fermentadora recebe algumas hélices para fazer a homogeneização do iogurte. Essa etapa, porém, não faz parte do processo de iogurte natural.

Figura 5.2 – Iogurte pronto sendo envasado

Parilov/Shutterstock

Dependendo do tipo do iogurte – natural, batido ou líquido –, haverá algumas etapas finais para a adição de aromas e sabores, por exemplo, ou de frutos doces, até que, finalmente, o produto seja incubado e embalado, conforme indica a Figura 5.3.

Figura 5.3 – Etapas de produção dos iogurtes naturais, batidos e líquidos

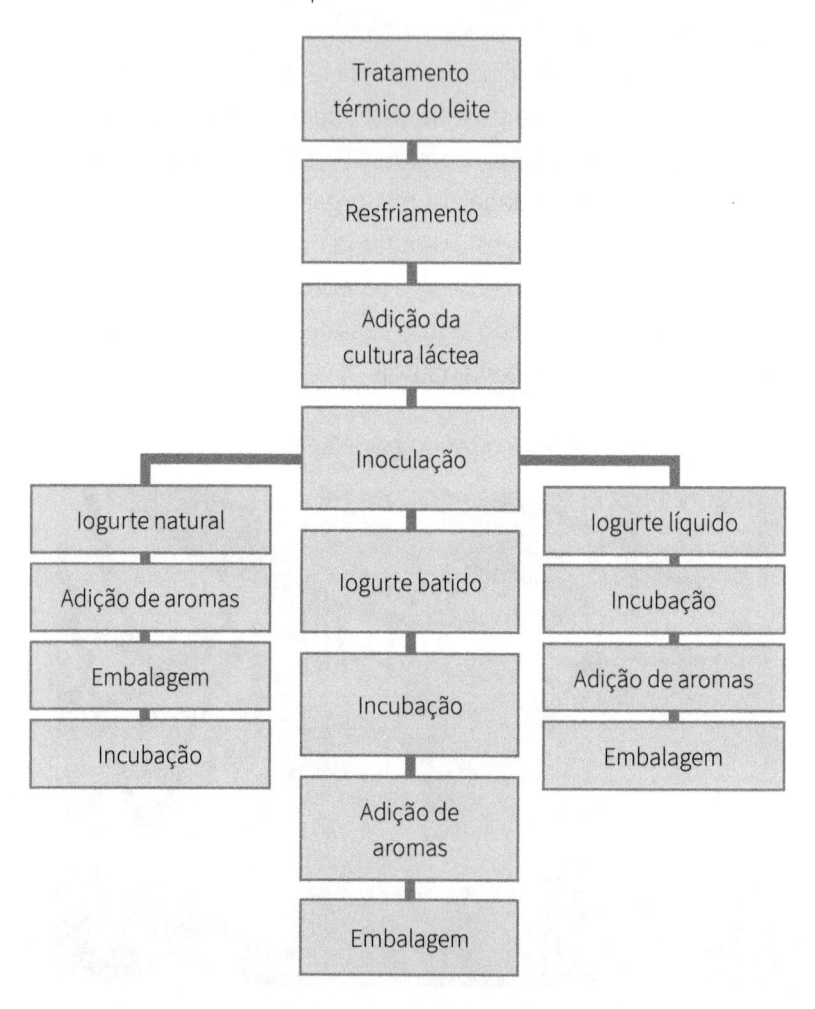

```
                    Tratamento
                    térmico do leite
                         │
                    Resfriamento
                         │
                    Adição da
                    cultura láctea
                         │
              ┌─── Inoculação ───┐
              │         │         │
    Iogurte natural  Iogurte batido  Iogurte líquido
              │         │         │
   Adição de aromas     │     Incubação
              │         │         │
      Embalagem     Incubação   Adição de aromas
              │         │         │
      Incubação   Adição de     Embalagem
                    aromas
                         │
                    Embalagem
```

Fonte: Sagrillo et al., 2015, p. 52.

5.1.2 Queijos

O queijo, um dos produtos lácteos mais conhecidos, é obtido por meio do **soro do leite**, pela ação de microrganismos e enzimas. Durante sua produção, alguns ingredientes, como especiarias, corantes e aromatizantes, também podem ser adicionados.

A primeira etapa na produção do queijo é a **coagulação**, na qual se utiliza comumente o leite já pasteurizado, mas, em alguns casos especiais, é possível usar o leite cru.

A coagulação é o processo em que acontece a **precipitação das proteínas** por meio da mistura do leite com um ácido, como o ácido lático, e ela pode ocorrer por duas vias: (1) com a adição de ácidos ou (2) com microrganismos que produzem os próprios ácidos.

A precipitação ocorre em razão da **desnaturação das proteínas**, pois a redução do pH é provocada pelo ácido. A desnaturação consiste em alterações na estrutura das proteínas, como a caseína, que é a principal proteína encontrada no leite.

Figura 5.4 – Etapas da produção de queijo

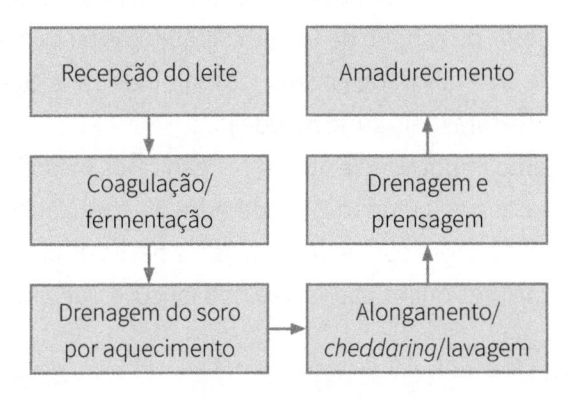

A **coagulação por microrganismos** ocorre pela fermentação do leite provocada pelas bactérias láticas que produzem o próprio ácido lático ou, ainda, mediante o emprego de enzimas.

As bactérias láticas são chamadas, na indústria, de *fermento lático*, que pode ser formado por bactérias **mesófilas** (fermento mesófilo), para a produção de queijos moles, ou por bactérias **termófilas** (fermento termófilo), para a produção de queijos mais secos e duros.

Os microrganismos mesófilos e termófilos são categorias de organismos que diferem em suas preferências de temperatura de crescimento. Os microrganismos mesófilos preferem crescer em temperaturas moderadas, geralmente entre 20 °C e 45 °C. Os microrganismos termófilos preferem temperaturas mais elevadas, normalmente acima de 45 °C. Diferentes características desses microrganismos podem afetar a textura do queijo, tornando-o mais mole ou mais duro.

As culturas mesófilas e termófilas contêm diferentes tipos de enzimas que podem agir sobre as proteínas do leite durante o processo de fermentação. Essas enzimas podem quebrar as proteínas do leite em peptídeos menores, resultando em diferentes perfis de sabor e de textura. As culturas termófilas tendem a ter uma atividade enzimática mais intensa, o que pode levar a uma textura mais firme no queijo.

Outro ponto importante é que microrganismos mesófilos tendem a produzir quantidades moderadas de ácido lático, resultando em queijos com textura mais macia. Já os termófilos produzem maiores quantidades de ácido lático, o que pode levar a uma textura mais firme. Algumas culturas bacterianas podem produzir dióxido de carbono como subproduto durante a fermentação. Esse gás pode ficar preso na coalhada, gerando uma textura mais aberta e com buracos no queijo. Algumas culturas mesófilas são conhecidas por produzir mais gás durante a fermentação, ao passo que as culturas termófilas tendem a produzir menos gás, resultando em uma textura mais compacta.

Depois da coagulação, obtém-se a **coalhada**, ilustrada na Figura 5.5, com a qual os queijos moles, como *cottage* e requeijão, já estão quase finalizados.

Em ebulição!

A coalhada também é um produto lácteo comercializado em larga escala. Nesse caso, o processo é um pouco diferente: a coalhada cortada é colocada em formas perfuradas, permitindo que o soro seja drenado. A dessoragem pode ocorrer naturalmente por gravidade ou ser acelerada por meio de prensagem leve. Essa etapa é importante para obter a consistência desejada. Após a dessoragem, a coalhada pode ser salgada para realçar o sabor e auxiliar na conservação. A salga pode ser feita por adição de sal ou por imersão em salmoura. Por fim, a coalhada é embalada em recipientes adequados para conservação e comercialização.

Figura 5.5 – Coalhada

Depois de sua obtenção, a coalhada passa por um aquecimento na faixa de temperatura de 35-55 °C para que ocorra a **drenagem do soro**. Seguidamente, a coalhada pode passar por algumas etapas de processamento, como alongamento, *cheddaring* e lavagem, dependendo do tipo de queijo que se quer produzir.

Na etapa de **alongamento**, ocorre o esticamento da coalhada com água quente para produzir queijos finos e fibrosos, como muçarela. A etapa de *cheddaring* consiste na coalhada batida e cortada em pedaços para, posteriormente, ser empilhada para que a umidade seja retirada. Esse processo é utilizado para produzir o queijo do tipo *cheddar*. Na etapa de **lavagem**, a coalhada é lavada com água quente para remover o excesso de acidez e produzir queijos suaves, como o do tipo *gouda*.

Figura 5.6 – Queijos tipo *cheddar* (a) e *gouda* (b)

a)   b)

Hong Vo e GSDesign/Shutterstock

Após o processamento da coalhada, são feitas a **drenagem** e a **prensagem**. Nessa etapa, a coalhada processada é colocada em moldes para adquirir o formato pretendido e, depois, é prensada para remover o soro. Nesse ponto, quanto maior for a pressão da prensa, maior será a remoção de umidade e mais seco e duro será o queijo.

A partir do soro removido da coalhada, é produzida a **ricota**, que não é considerado um queijo, mas um derivado, porque a maior parte de sua composição de proteínas é de globulina, diferentemente dos queijos, que são compostos, principalmente, da proteína caseína. Além disso, durante o processamento da ricota, ocorre a desnaturação das globulinas pelo aquecimento do soro, e não pela redução do pH.

Em seguida, vem a etapa de **amadurecimento** do queijo, que basicamente consiste em seu repouso durante determinado tempo, para que adquira os odores e sabores finais, de acordo com o tipo de queijo desejado.

Para alcançar um formato homogêneo, durante esse processo, de tempos em tempos, é preciso virar o queijo a fim de evitar a formação de uma casca em torno dele. Durante o amadurecimento, a lactose continua passando pelo processo de fermentação e as proteínas e as gorduras continuam se degradando e formando partículas menores.

Alguns queijos, chamados de *embolorados*, ainda na etapa de amadurecimento, recebem fungos e bactérias que proporcionarão diferentes sabores e odores durante sua atuação. Esses queijos embolorados podem ser classificados em três grupos:

1. **Queijos moles**: apresentam uma casca branca e um interior mole em razão da atuação dos fungos *Penicillium candidum* ou *Penicillium camemberti*. O queijo *brie*, ilustrado na Figura 5.7, é um exemplo de queijo mole, assim como o queijo *camembert*.

Figura 5.7 – Queijo *brie*

JeniFoto/Shutterstock

2. **Queijos azuis**: apresentam um bolor com coloração azulada em virtude da atuação dos fungos *Penicillium roqueforti* e *Penicillium glaucum*. O queijo gorgonzola, ilustrado na Figura 5.8, é um exemplo de queijo azul.

Figura 5.8 – Queijo gorgonzola

slowmotiongli/Shutterstock

3. **Queijos de casca lavada**: recebem um banho de cerveja, vinho, salmoura e especiarias durante a decomposição da bactéria *Brevibacterium linens*. O queijo *limburger*, ilustrado na Figura 5.9, é um exemplo de queijo de casca lavada.

Figura 5.9 – Queijo *limburger*

Ermak Oksana/Shutterstock

5.1.3 Pães

O primeiro passo na produção do pão é a separação e a pesagem da **farinha de trigo**, da **água**, ou **leite** e do **fermento**, principais ingredientes desse produto. Como ingredientes secundários, podem ser adicionados à massa: ovos, açúcar, sal, óleos e gorduras. Depois da pesagem, os ingredientes sólidos são misturados e, posteriormente, são adicionados os ingredientes líquidos, como água e óleos.

Depois da **mistura** e da **homogeneização**, a massa deve ficar em **repouso**, quando ocorrerá a fermentação. Nessa etapa, as proteínas formam uma rede produzindo o glúten, que é outra proteína. O glúten cria uma membrana elástica para conter o gás formado durante a fermentação, o que faz com que a massa cresça e altere sua textura.

Figura 5.10 – Descanso durante a fermentação da massa do pão

shodography/Shutterstock

Para a **fermentação biológica**, utiliza-se um fermento constituído geralmente pela **levedura** *Saccharomyces cerevisiae*. O uso do fermento visa aumentar o tamanho da massa enquanto o açúcar fermenta para produzir etanol e gás carbônico.

Após esse descanso, a massa é dividida de acordo com o tamanho do pão desejado. Depois, é feita a **moldagem** do pão de maneira manual ou por máquinas e a massa é acondicionada em assadeiras para serem levadas ao forno.

A temperatura do forno varia para cada tipo de pão. Durante o aquecimento, a água vai evaporando à medida que as moléculas passam do centro para a superfície da massa, formando, assim, a casca do pão. Nessa etapa, os aldeídos e os ésteres que compõem a massa também evaporam, porque são substâncias voláteis, que evaporam com facilidade. Além disso, durante a etapa de cozimento, o pão finaliza seu crescimento.

Reação interessante

Pães podem ser fabricados também com a adição de fermento químico. Nesse caso, **não se trata de uma fermentação**.
O fermento químico do pão, também conhecido como *fermento em pó*, é um **agente levedante** utilizado na panificação para fazer a massa do pão crescer. Ele é composto por uma combinação de bicarbonato de sódio ($NaHCO_3$), ácido tartárico ($C_4H_6O_6$) e amido. O bicarbonato de sódio é uma substância alcalina que, quando combinada com um ácido, como o ácido tartárico, produz dióxido de carbono (CO_2). O dióxido de carbono é um gás que é liberado durante a reação química, fazendo a massa do pão expandir e ficar mais leve.

5.2 Produção de álcool em bebidas

Na biotecnologia, a produção de bebidas alcoólicas pode ser feita por meio da destilação e da fermentação. Na fermentação, são usados fungos diversos, como as leveduras dos gêneros *Pichia, Saccharomyces, Zygosaccharomyces, Rhodotorula, Torulaspora* e *Trichosporon*.

Algumas bebidas alcoólicas são produzidas apenas por meio de fermentação e outras são produzidas pela fermentação seguida de uma ou mais destilações.

No Quadro 5.1, indicamos as bebidas alcoólicas mais conhecidas, sua matéria-prima principal e mais utilizada, a via de produção e os países de origem.

Quadro 5.1 – Bebidas alcóolicas produzidas mundialmente

Bebida	Matéria-prima	Via de produção	Origem
Cachaça	Caldo de cana-de-açúcar	Fermentação e destilação	Brasil
Cerveja	Cevada de malte	Fermentação	–
Gim	Cereais	Fermentação e destilação	Holanda
Hidromel	Mel de abelha	Fermentação	África
Rum	Melaço de cana-de-açúcar	Fermentação e destilação	Caribe
Saquê	Arroz	Fermentação	Japão
Sidra	Maçã	Fermentação	–
Tequila	Agave-azul	Fermentação e destilação	México

(continua)

(Quadro 5.1 – conclusão)

Bebida	Matéria-prima	Via de produção	Origem
Uísque	Cevada de malte	Fermentação e destilação	Escócia
Vinho	Uva	Fermentação	–
Vodka	Cereais ou batata	Fermentação e destilação	Rússia/Europa oriental

Fonte: Oliveira, 2015, p. 32.

Os países de origem de algumas bebidas não foram indicados porque não há certeza sobre sua origem em razão de serem muito antigas.

5.2.1 Via processos fermentativos

As bebidas fermentadas são produzidas pela transformação da matéria-prima em razão da ação de microrganismos. De modo geral, nesse processo, os substratos (açúcares) são consumidos pelos microrganismos, que, então, produzem dióxido de carbono e etanol, como representado na Figura 5.11.

Figura 5.11 – Substratos e produtos da fermentação alcoólica

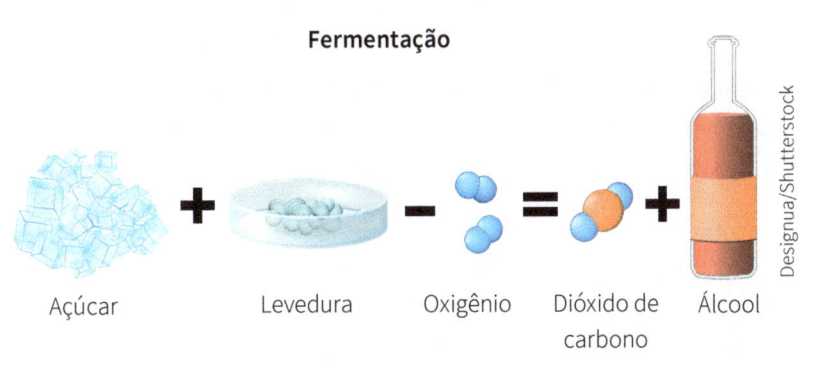

Fermentação

Açúcar + Levedura − Oxigênio = Dióxido de carbono + Álcool

Designua/Shutterstock

As leveduras mais utilizadas para a produção de bebidas alcoólicas são da espécie *Saccharomyces cerevisiae*, da qual podem ser escolhidas diferentes cepas.

Cada cepa tem características particulares, sendo utilizada, portanto, conforme as especificidades do produto de interesse. Para a fermentação alcoólica de bebidas, as leveduras devem ter algumas propriedades específicas, como:

a. promover rapidamente o início da fermentação;
b. fermentar todo o caldo;
c. suportar altas temperaturas;
d. suportar altas concentrações de álcool;
e. suportar altas pressões.

Como sabemos, a principal finalidade das leveduras é converter os açúcares da matéria-prima utilizada em etanol. Para isso, a espécie *Saccharomyces cerevisiae* atua degradando os açúcares menores no interior de seu citoplasma, e os açúcares maiores, como a sacarose, são hidrolisados, ou seja, quebrados em açúcares menores, como frutose e glicose, pela enzima invertase.

Essa enzima está presente na membrana plástica da *Saccharomyces cerevisiae*. A fermentação é feita pela levedura para o funcionamento de suas funções vitais, produzindo, ao mesmo tempo, etanol, dióxido de carbono (CO_2) e outros produtos secundários em menor proporção.

Durante a fermentação, os açúcares glicose e frutose são fosfatados pela via **glicólise**, que é um estágio bioquímico catalisado por enzimas. Posteriormente, os açúcares fosfatados são convertidos em piruvato, o qual é descarboxilado a acetaldeído e dióxido de carbono pela enzima piruvato descarboxilase. Depois, o acetaldeído é transformado em etanol pela enzima álcool desidrogenase, produzindo NAD^+ (energia). Na Figura 5.12, ilustramos essas etapas.

Figura 5.12 – Glicólise e fermentação alcoópica

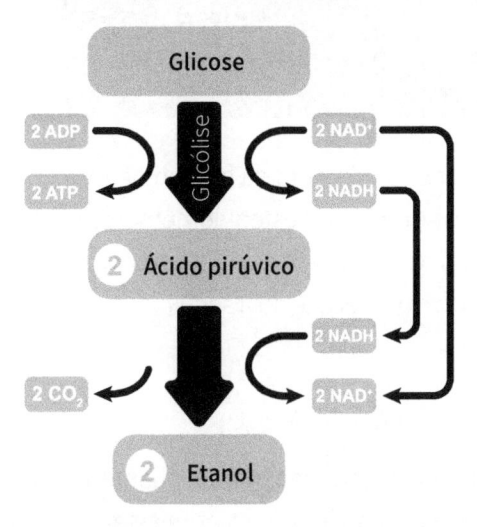

O etanol é produzido nos fermentadores, equipamentos que promovem a fermentação, como o ilustrado na Figura 5.13.

Figura 5.13 – Equipamento de produção de bebidas fermentadas

Para verificar o rendimento da fermentação, é possível fazer alguns cálculos por meio da estequiometria da reação global de fermentação alcoólica, em que a glicose produz etanol e gás carbônico, conforme a equação a seguir.

Equação 5.1

$$C_6H_{12}O_6 \rightarrow 2CH_3CH_2OH + 2CO_2$$

Estequiometria é uma organização quantitativa da reação para balancear as equações químicas. A estequiometria indica quantos mols entram de substrato em uma reação e quantos mols são produzidos em uma reação.

Por meio dessa reação, a massa molar da glicose (180 g/mol) se relaciona com a do etanol (46 g/mol), com o número de mols da reação já balanceado.

Pela Equação 5.1, observamos que foi utilizado 1 mol de glicose para formar 2 mols de etanol. Multiplicando-se as massas molares com os números de mols, obtemos uma relação de 180 g de glicose para formar 92 g de etanol, como representado pela equação que segue.

Equação 5.2

1 mol → 2 mol

$$180 \frac{g}{mol} \times 1\,mol \rightarrow 46 \frac{g}{mol} \times 2\,mol$$

180 g de glicose → 92 g etanol

Baseando-nos em uma relação em que Z é a massa de glicose utilizada em um processo e Y é a massa teórica de etanol obtido após a fermentação de Z, podemos obter a seguinte equação:

Equação 5.3

180 g de glicose → 92 g etanol

Z g de glicose → Y g etanol

$$Y = \frac{(Z \times 92)}{180}$$

Y será a quantidade teórica de etanol produzida em um processo, considerando-se 100% de rendimento. Para sabermos qual é o rendimento do processo, podemos calcular o R pela Equação 5.4, com base na Equação 5.3:

Equação 5.4

$$R = \frac{(y \times 100)}{Y}$$

Em que R é o rendimento do processo e y é a massa de etanol real, obtida no processo.

Para melhorar a compreensão, imaginemos que, em uma indústria dedicada à produção de bebidas alcoólicas, como a cerveja, foram utilizados 2 kg de glicose em um processo. Após a fermentação, validou-se a produção de 870 g de etanol. Para sabermos como foi o rendimento do processo, relacionamos, primeiramente, as massas de glicose e de etanol da reação global de fermentação, a fim de encontrar a massa teórica de etanol (Y), para um rendimento de 100%. Utilizemos a massa de 2 kg de glicose como 2 000 g. Assim:

180 g de glicose → 92 g etanol

2 kg = 2 000 g de glicose → Y g etanol

$$Y = \frac{(2\,000 \times 92)}{180} = 1022,22 \text{ g de etanol}$$

Depois de encontrarmos o Y, calculamos o rendimento de etanol por meio da equação a seguir (Equação 5.4):

$$R = \frac{(y \times 100)}{Y} = \frac{(870 \times 100)}{1022,22} = 85,11\%$$

O rendimento do processo de fermentação foi de 85,11%.

Ingredientes e aditivos de bebidas fermentadas

A adição de ingredientes e aditivos alimentares é regulada pela legislação brasileira e pela Agência Nacional de Vigilância Sanitária (Anvisa). A Portaria n. 540, de 27 de outubro de 1997, do Ministério da Saúde assim define *ingrediente* e *aditivo*:

1.1 - Ingrediente: é qualquer substância, incluídos os aditivos alimentares, empregada na fabricação ou preparação de um alimento e que permanece no produto final, ainda que de forma modificada.

1.2 - Aditivo Alimentar: é qualquer ingrediente adicionado intencionalmente aos alimentos, sem propósito de nutrir, com o objetivo de modificar as características físicas, químicas, biológicas ou sensoriais, durante a fabricação, processamento, preparação, tratamento, embalagem, acondicionamento, armazenagem, transporte ou manipulação de um alimento. Ao agregar-se poderá resultar em que o próprio aditivo ou seus derivados se convertam em um componente de tal alimento. Esta definição não inclui os contaminantes ou substâncias nutritivas que sejam incorporadas ao alimento para manter ou melhorar suas propriedades nutricionais. (Brasil, 1997).

Para cada bebida ou alimento fermentado, é utilizada uma matéria-prima principal e específica que servirá como base de fonte de açúcares para a fermentação. As principais características dessa matéria-prima, como sabor e aroma, serão incorporadas pelo produto. Além disso, na maior parte dos processos fermentativos, também se adicionam outros ingredientes, como água e aditivos.

De acordo com o Decreto n. 6.871, de 4 de junho de 2009, que regulamenta a Lei n. 8.918, de 14 de julho de 1994, a água empregada na produção de cervejas e de qualquer outra bebida deve atender aos padrões oficiais de potabilidade. Para ser utilizada em qualquer processo para a produção de alimentos e bebidas, a água deve ser avaliada com relação às suas características microbiológicas e físico-químicas, como turbidez, dureza, coloração, pH, alcalinidade, odor e sabor (Brasil, 2009).

A Anvisa determina os limites máximos de aditivos que podem ser utilizados em bebidas alcoólicas fermentadas. Na Tabela 5.1, listamos os aditivos que podem ser incorporados e suas concentrações máximas; entretanto, alguns aditivos cuja medida máxima não é estipulada podem ser usados conforme a necessidade para a produção de determinado produto, desde que não alterem sua identidade. Na tabela, esses aditivos estão descritos com a expressão *quantum satis* (q.s.), que, em português, significa "quanto baste".

Tabela 5.1 – Concentração permitida de aditivos para bebidas alcoólicas fermentadas

International Numbering System (INS)	Aditivos	Limite máximo (g 100 ml^{-1} ou g 100 g^{-1})
Acidulantes (reguladores de acidez)		
270	Ácido lático	*quantum satis*
296	Ácido málico	*quantum satis*
330	Ácido cítrico	*quantum satis*
338	Ácido fosfórico, ácido ortofosfórico	0,004
Antiespumante		
900	Dimetilsilicone, dimetilpolisiloxano, polidimetilsiloxano	0,001

(continua)

(Tabela 5.1 – continua)

International Numbering System (INS)	Aditivos	Limite máximo (g 100 ml^{-1} ou g 100 g^{-1})
Antioxidante		
220	Dióxido de enxofre, anidrido sulfuroso	0,005
221	Sulfito de sódio	0,005
222	Metabissulfito de sódio	0,005
223	Metabissulfito de potássio	0,005
225	Sulfito de potássio	0,005
227	Bissulfito de cálcio, sulfito de ácido de cálcio	0,005
228	Bissulfito de potássio	0,005
300	Ácido ascórbico	0,03
301	Ascorbato de sódio	0,03
302	Ascorbato de cálcio	0,03
303	Ascorbato de potássio	0,03
313	Ácido eritórbico, ácido isoascórbico	0,01
316	Eritorbato de sódio, isoascorbato de sódio	0,01
539	Tiossulfato de sódio	0,005

(Tabela 5.1 – conclusão)

International Numbering System (INS)	Aditivos	Limite máximo (g 100 ml^{-1} ou g 100 g^{-1})
Estabilizante		
405	Alginato de propileno glicol	0,007
414	Goma arábica, goma acácia	*quantum satis*
415	Goma xantana	*quantum satis*
440	Pectina, pectina amidada	*quantum satis*
461	Metilcelulose	*quantum satis*
464	Hidroxipropilmetilcelulose	*quantum satis*
466	Carboximetilcelulose sódica	*quantum satis*

Fonte: Elaborado com base em Anvisa, 2023.

Com relação aos aditivos apresentados na Tabela 5.1, os sulfitos, os bissulfitos e os metassulfitos de sódio ou de potássio, por exemplo, são empregados para promover a conservação das bebidas no momento do envase, para evitar nova fermentação, indesejada. Podem ser adicionados às bebidas alcoólicas fermentadas os antiespumantes, como dimetilsilicone, dimetilpolisiloxano ou polidimetilsiloxano, que impedem a produção de espumas. Além disso, podem ser acrescentados aditivos acidulantes, que regulam a acidez, bem como antioxidantes, que inibem a reação de oxidação, e estabilizantes, que auxiliam na conservação das características físicas e químicas das bebidas.

5.2.2 Via destilação

Para a produção de bebidas destiladas, são necessárias uma ou mais etapas de destilação depois do processo de fermentação, para obter maior teor alcoólico em relação às bebidas apenas fermentadas.

O processo de destilação, ilustrada na Figura 5.14, consiste em separar a substância de interesse, que tem o menor ponto de ebulição e que está presente em uma mistura líquida miscível, ou seja, que é passível de se misturar.

Para a separação, essa mistura é aquecida até que o líquido mais volátil, isto é, que tem o menor ponto de ebulição, passe para a fase de gás. O vapor desse líquido sobe a coluna de destilação e volta para a fase líquida ao passar pelo condensador e, assim, pode ser recolhido ao final do equipamento, separado dos demais líquidos.

No condensador, ocorre a circulação de água fria para reduzir a temperatura do componente mais volátil e promover sua cCondensação para a fase líquida.

Figura 5.14 – Processo de destilação

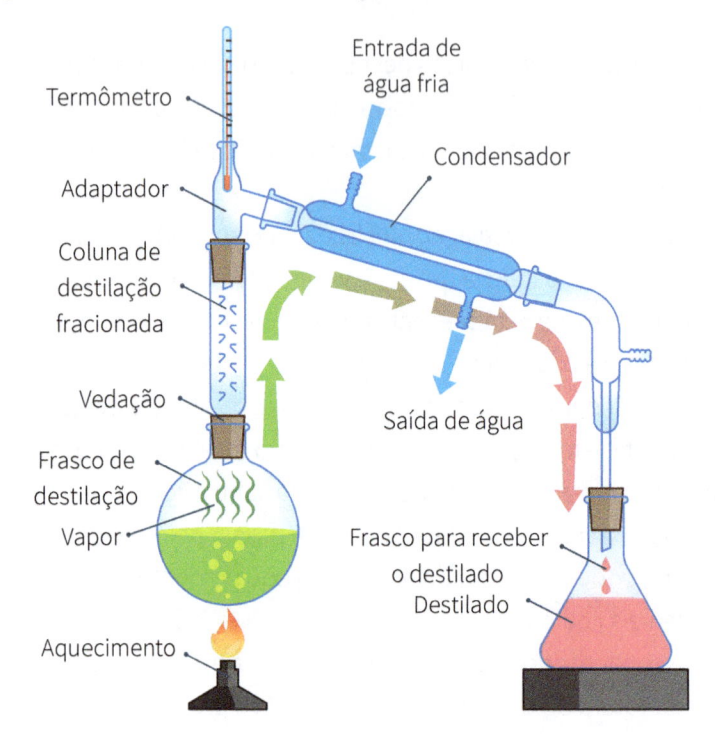

Termômetro
Adaptador
Coluna de destilação fracionada
Vedação
Frasco de destilação
Vapor
Aquecimento
Entrada de água fria
Condensador
Saída de água
Frasco para receber o destilado
Destilado

VectorMine/Shutterstock

Existem diversas bebidas destiladas comercializadas, como tequila, rum, vodca, uísque, gim e cachaça. Cada uma delas é fermentada por meio de diferentes matérias-primas, que lhes conferem suas principais características. No próximo capítulo, na Seção 6.5, abordaremos mais detalhadamente cada uma dessas bebidas destiladas.

Em ebulição!

A escala Gay-Lussac (°GL) é usada para medir o teor alcoólico. Ela indica a quantidade de álcool, em mililitro, que está contida em 100 ml de uma solução alcoólica. Dessa forma, a concentração alcoólica é apresentada em percentual de volume (v/v) de etanol em uma mistura de etanol e água.

5.3 Produção de ácido acético via fermentação

Para a produção de ácido acético, ou ácido etanoico, conforme a International Union of Pure and Applied Chemistry (IUPAC) – União Internacional de Química Pura e Aplicada, em português –, são utilizadas as bactérias do gênero *Acetobacter*, capazes de produzi-lo por meio do etanol. Contudo, anteriormente, para a produção do etanol, também era empregada a levedura *Saccharomyces cerevisiae*, que atua convertendo açúcares em álcool.

O ácido acético é o principal ingrediente do vinagre, uma substância antisséptica e anti-inflamatória que, na culinária, é muito utilizada como tempero.

Embora, originalmente, o vinagre seja produzido pela fermentação da uva, o controle do processo da fermentação da uva é utilizado, principalmente, para produzir vinho, por isso o vinagre tem sido produzido por meio de outras fontes, como açúcar, arroz, maçã e cana-de-açúcar. Na Figura 5.15, ilustramos o fluxo de produção do vinagre por meio da maçã.

Figura 5.15 – Fluxo de produção do vinagre de maçã

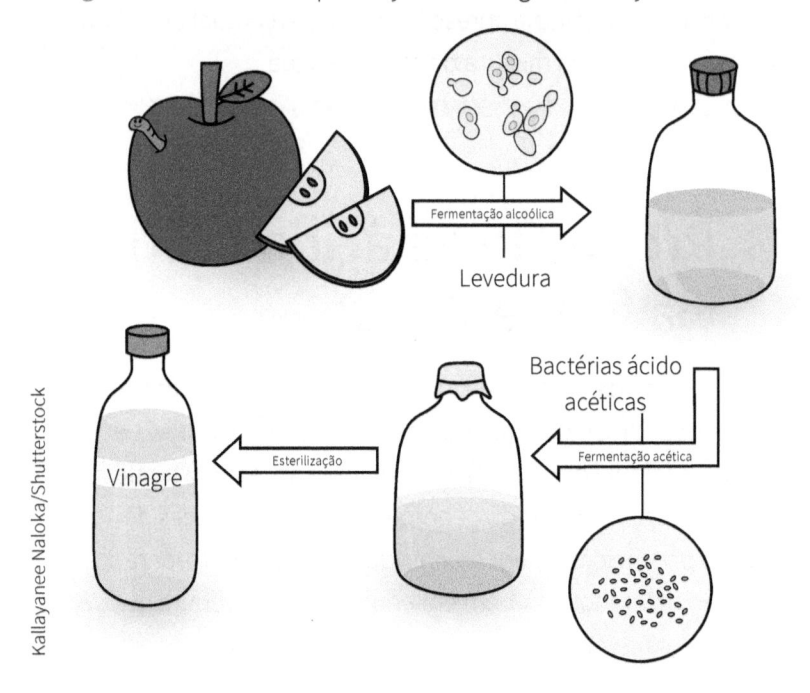

Kallayanee Naloka/Shutterstock

Outros frutos além da maçã e da uva possibilitam a produção de vinagre, como pera, morango, abacaxi, jabuticaba e laranja. Há também os vinagres de álcool, de cereais, de mel e os balsâmicos.

O vinagre balsâmico, originário da Itália, tem um processo de produção diferente e adquire características aromáticas refinadas. Como explica Rizzon (2006), "o vinagre balsâmico é o produto obtido da fermentação alcoólica e acética do mosto de uva Trebbiano, cozido, o qual é obtido por meio da uva esmagada e separado no início da fermentação alcoólica". A fermentação alcoólica e a acética são processadas ao mesmo tempo.

No Quadro 5.2, apresentamos a classificação dos principais vinagres e sua forma de obtenção.

Quadro 5.2 – Classificação dos vinagres

Classificação	Forma de obtenção
Vinagre balsâmico	Fermentação acética por meio do mosto de uva cozido.
Vinagre de álcool	Fermentação acética do fermentado alcoólico de mistura hidroalcóolica originária do álcool etílico potável de origem agrícola.
Vinagre de cereais	Fermentação acética do fermentado alcoólico de um ou mais cereais.
Vinagre de frutos	Fermentação acética do fermentado alcoólico de um ou mais frutos.
Vinagre de mel	Fermentação acética por meio do fermentado alcoólico de mel de abelha.
Vinagre de vinho	Fermentação acética por meio de vinho branco ou tinto.
Vinagre misto de vegetais	Fermentação acética por meio do fermentado alcoólico de duas ou mais das seguintes matérias-primas: fruta, cereal e vegetal.

Fonte: Elaborado com base em Brasil, 2012; Oliveira, 2015.

Após a fermentação com a levedura *Saccharomyces cerevisiae*, que opera na presença ou na ausência de oxigênio, obtém-se uma mistura rica em etanol, que passará por uma etapa de filtração para remover os sólidos em suspensão, além de serem feitas análises para verificar a presença de enxofre, que atua como inibidor durante a produção dos ácidos acéticos.

Também é necessário determinar a concentração de etanol, que não deve ser muito alta nem inferior a 8%. O recomendado é que o teor alcoólico esteja entre 8% e 10% v/v.

Vinhos com muito álcool tornam o processo difícil e mais lento, além de provocar, em alguns casos, uma ação inibidora, em razão do excesso de etanol e, seguidamente, do excesso de ácido acético. No entanto, um processo com pouco álcool gera um vinagre fraco, com concentração menor de ácido acético, o que facilita a contaminação do produto (Rizzon, 2006).

De acordo com a Instrução Normativa n. 6, de 3 de abril de 2012, que estabelece os padrões de identidade e de qualidade e a classificação dos fermentados acéticos, o vinagre deve apresentar uma acidez volátil em ácido acético mínima de 4 g/100 ml, ou seja, um teor mínimo de 4% de ácido acético. Com relação ao seu teor alcoólico final, o vinagre não pode apresentar valor superior a 1% v/v a 20 °C (Brasil, 2012).

Após a obtenção do vinho fermentado, para produzir os ácidos acéticos, utilizam-se as bactérias do ácido acético (BAA), que trabalham aerobiamente, isto é, precisam de oxigênio para que seu metabolismo funcione. Os gêneros mais utilizados das BAA são *Acetobacter* e *Gluconobacter* spp. Em virtude da necessidade de oxigênio, durante a acetificação, as BAA permanecem principalmente na superfície da mistura, para ter acesso ao oxigênio. Esse método é chamado de *cultura submersa*, em que as bactérias ficam suspensas no meio de fermentação, e proporciona altos rendimentos decorrentes de um crescimento logarítmico de ácido acético.

Existem outros métodos para a produção de ácido acético, como o método rápido, ou vinagreira, e o método lento, francês ou Orléans, mas o método de cultura submersa é o processo industrial mais empregado em razão de seu melhor desempenho.

O método de fermentação submersa é realizado em acetificadores com temperatura e oxigenação controladas. A oxigenação é fornecida por aeradores no fundo do tanque, para que o processo seja bem oxigenado, a fim de não retardar a acetificação ou inviabilizar as BAA. Portanto, para que o processo de acetificação seja eficiente, é preciso proporcionar uma boa oxigenação contínua ao processo, o que é possível com o método de cultura submersa.

Durante o processo de acetificação, o etanol (C_2H_5OH) é transformado, inicialmente, em um produto intermediário, que é acetaldeído (CH_3COH) e água (H_2O), conforme a Equação 5.5.

Em seguida, o acetaldeído com oxigênio (O_2) é convertido em ácido acético (CH_3COOH) e água, conforme a Equação 5.6.

Equação 5.5

$$C_2H_5OH + \frac{1}{2}O_2 \rightarrow CH_3COH + H_2O$$

Equação 5.6

$$CH_3COH + \frac{1}{2}O_2 \rightarrow CH_3COOH + H_2O$$

Para calcular o rendimento da fermentação acética, é utilizada como base a reação simplificada de oxidação do etanol a ácido acético:

Equação 5.7

$$2C_2H_5OH + O_2 \rightarrow 2CH_3OOH + 2H_2O$$

Nessa reação de oxidação, etanol e oxigênio são transformados em ácido acético e água.

Depois dessa reação, é feita uma comparação entre as massas molares do etanol (46 g/mol) e do ácido acético (60 g/mol), com o número de mols da reação estequiométrica já balanceada.

Pela Equação 5.8, observamos que foi utilizado 1 mol de etanol para formar 1 mol de ácido acético, portanto a relação entre o consumo dos substratos e a produção dos produtos é equivalente. Em outras palavras, a cada 46 g/mol de etanol consumidos são formados 60 g/mol de ácido acético. Simplificando, a cada 1 g de etanol é produzido 1,3 g de ácido acético.

Equação 5.8

1 mol → 1 mol

$$46 \frac{g}{mol} \times 1\,mol \rightarrow 60 \frac{g}{mol} \times 1\,mol$$

46 g etanol → 60 g ácido acético

1 g de etanol → 1,3 g ácido acético

Segundo Luiz Antenor Rizzon (2006), pesquisador de uva e vinho, "para cada 1% v/v de álcool do vinho, forma-se 1% de ácido acético no vinagre, no entanto esse rendimento é baixo para os acetificadores industriais". O pesquisador também explica que "outra maneira de calcular o rendimento em ácido acético é multiplicar o grau alcoólico do vinho por 1,043. Nesse caso, o vinho com 10% v/v de álcool daria origem a um vinagre de 10,43% de ácido acético" (Rizzon, 2006).

O teor de ácido acético no vinagre é fornecido em graus acéticos. Dado que cada grau acético equivale a 1 g de ácido acético em 100 ml de vinagre, se cada 100 ml de ácido acético formado contiver 9 g de ácido acético, o vinagre terá um grau acético de 9.

Para ampliar a compreensão, imaginemos que, em um processo de oxidação acética para a produção de vinagre de frutos, foram empregados 1.200 ml de um mosto obtido por meio da fermentação de frutos. Esse mosto já estava diluído para uma concentração alcoólica de 9,5% v/v.

Para sabermos qual será o teor de ácido acético nesse vinagre de frutos e qual será o grau acético, multiplicamos o teor alcoólico por 1,043. Assim, concluímos que o teor de ácido acético desse vinagre será de 9,91%.

5.4 Produção de ácido cítrico e de ácido lático

Na indústria, a produção de **ácidos orgânicos**, como os ácidos cítrico e lático, ocorre em grande escala para serem comercializados como ácidos com elevado grau de pureza ou na forma derivada, como sais.

Historicamente, o ácido lático foi o primeiro ácido orgânico a ser produzido por fermentação, em 1880, em Massachusetts, nos Estados Unidos. O processo de produção de ácido acético foi apresentado por Peckhan em 1944 e por Schopmeyer em 1954.

A produção de ácidos teve início em 1893, quando Carl Wehmer, químico alemão, descobriu que alguns fungos do gênero *Citromyces* – atualmente classificados no gênero *Penicillium* – podiam produzir ácido cítrico por fermentação em meio líquido.

A produção de ácido cítrico já era feita por isolamento e cristalização do suco de limão, em 1789, por Carl Wilhelm Scheele. Em 1880, o ácido cítrico foi sintetizado por meio do glicerol, por Edouard Grimaux e Roger Adams.

5.4.1 Ácido cítrico

O ácido cítrico é um ácido fraco, de massa molar de 210 g/mol, com nome oficial de ácido 1-hidroxi-1,2,3-propanotricarboxílico, segundo a IUPAC.

A fórmula molecular do ácido cítrico é $C_6H_8O_7$ e sua fórmula estrutural está ilustrada na Figura 5.16.

Ele pode ser encontrado em sua forma natural em frutos cítricos e é um intermediário do círculo de Krebs (ciclo do ácido cítrico), mas também pode ser produzido por diferentes vias de fermentação utilizando-se microrganismos.

Figura 5.16 – Fórmula molecular e estrutural do ácido cítrico

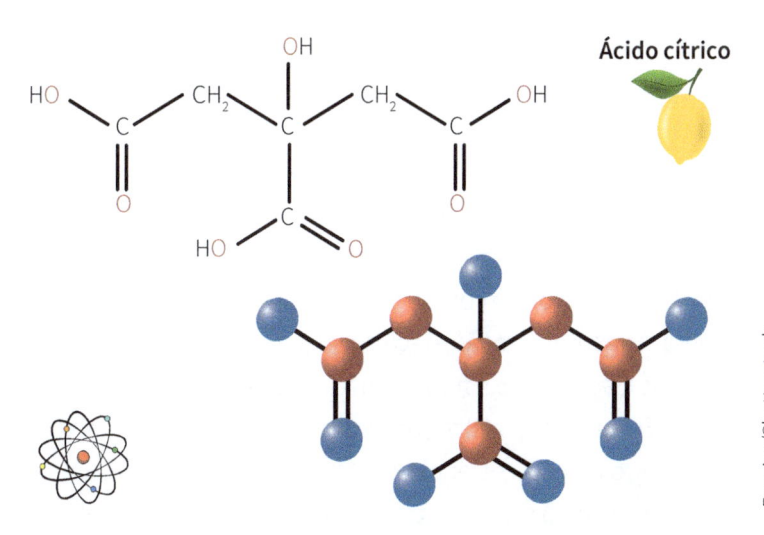

O primeiro processo fermentativo para produzir ácido cítrico ocorreu pelo citrato de cálcio, em razão de uma monopolização de um cartel do mercado italiano. No entanto, a partir de 1923, foi imposto um novo processo de fermentação, o qual reduziu o preço de venda do produto. Atualmente, o ácido cítrico é obtido, majoritariamente, por vias fermentativas.

Existem três processos fermentativos para a produção de ácido cítrico: (1) fermentação por cultura submersa, (2) fermentação em superfície e (3) processo *koji*.

O processo de **fermentação por cultura submersa** é o mais vantajoso economicamente e é de mais fácil operação do que o de fermentação em superfície. Como fonte de carboidratos, pode ser utilizado o xarope de cana-de-açúcar, de glicose ou de sacarose. Além disso, como substrato, é usada uma concentração de 0,1 a 50 mg/l de íons cobre para neutralizar os íons ferro, fosfato monopotássico (KH_2SO_4) em concentração de 0,01% a 2% e sulfato de magnésio heptahidratado ($MgSO_4 \cdot 7\ H_2O$) a 25%.

Como inóculo, geralmente se utilizam os esporos de uma cepa de *Aspergillus niger*, desenvolvida em meio sólido. Para esse processo, o meio de cultura deve ser esterilizado em meio rápido e, depois, ligeiramente resfriado até em torno de 30 °C. Para a inoculação, o pH é ajustado com íon amônio até 4 e, durante a fermentação, o pH cai para 1,5 a 2.

Durante a fermentação, deve haver aeração contínua. Após a fermentação, o meio é filtrado, para fazer a remoção do micélio. Em seguida, o citrato deve ser precipitado por acréscimo de hidróxido de cálcio. Depois, o citrato de cálcio é filtrado e tratado com ácido sulfúrico, para precipitar o sulfato de cálcio. O sobrenadante que contém o ácido cítrico passa por etapas de tratamento com carvão ativado e desmiralização. Em seguida, com a solução de ácido cítrico purificada, é feita a cristalização por evaporação, visto que os cristais são removidos por centrifugação.

No processo de **fermentação em superfície**, utilizam-se sacarose e melaço de cana-de-açúcar e de beterraba como substratos. Para essa fermentação, o mosto já inoculado é disposto em bandejas rasas, onde são soprados ventos úmidos sob a superfície por 5 a 6 dias; em seguida, é passado ar seco. Após 24 horas, os esporos germinam e o micélio cobre a superfície do mosto. Depois de 8 a 10 dias do início da fermentação, que ocorre após a inoculação do mosto, a concentração de açúcar já diminui para 20% a 25% da concentração inicial.

Ao término da fermentação, o mosto é drenado e substituído por um novo mosto, devendo-se cuidar para que o micélio continue flutuando sobre a superfície, sem ficar submerso.
No início da fermentação, o pH deve estar entre 5 e 6, mas é reduzido para 1,5 a 2 durante a etapa de germinação do esporo.

O rendimento de ácido cítrico é de 80% da massa de carboidratos utilizada no início do processo. A purificação do ácido cítrico se assemelha à empregada no processo por cultura submersa.

No **processo *koji***, como substrato, utiliza-se farelo de batata doce, com pH ajustado entre 4 e 5. Para dar início ao processo, primeiramente, o farelo é aquecido a uma temperatura que varia de 30°C a 36 °C, para ocorrer a inoculação com *koji*, uma mistura de proteases e amilases. Como inóculo, usa-se uma cepa de *Aspergillus niger* que não tenha tanta suscetibilidade à presença de íons ferro. Após a inoculação, inicia-se a fermentação com temperaturas de até 28 °C. Acrescenta-se uma quantidade de 3% a 5% de uma massa filtrada de ácido glutâmico para que o processo tenha maior rendimento. Para a fermentação, o farelo inoculado é disposto em recipientes com profundidade de 3 cm a 5 cm, para ser mantido em uma camada não muito grossa.

Transcorrido o período de cinco a oito dias, o *koji* é removido e encaminhado para percoladores, onde ocorre a extração com água do ácido cítrico. Para a purificação do ácido cítrico, sucedem-se etapas similares às que ocorrem nos processos de fermentação por cultura submersa.

Geralmente, o ácido cítrico é vendido em sua forma cristalizada como anidro, como monoidratado ou como sal sódico. Pode ser empregado, posteriormente, como acidulante e antioxidante para a produção de doces, vinhos, refrigerantes e conservas de frutos, por exemplo.

O ácido cítrico também é utilizado para compor sabores artificiais de sucos em pó e para a produção de alimentos gelatinosos. Na indústria farmacêutica, é usado como anticoagulante e na produção de efervescentes. Na indústria de cosméticos, serve para ajustar o pH em soluções adstringentes, além de ser utilizado em fixadores e em cremes para lavagem de cabelos. O ácido cítrico ainda tem aplicações como agente sequestrante em indústrias de galvanoplastia e para a produção de curtumes.

5.4.2 Ácido lático

De massa molar de 90,08 g/mol e fórmula molecular $C_6H_8O_3$, o nome oficial do ácido lático, de acordo com a IUPAC, é *ácido 2-hidroxipropanoico*. Embora tenha sido descoberto em 1780 por Carl Wilhelm Scheele, por meio do leite azedo, o conhecimento de que o ácido lático é produzido por microrganismos presentes no leite, de modo fermentativo, foi confirmado apenas mais tarde.

Sabemos que o ácido lático ocorre em duas formas isoméricas: (1) como ácido lático-L e (2) como ácido lático-D (Figura 5.17). Além disso, é produzido na forma de uma mistura racêmica, em que se obtém uma mistura equimolar desses dois enantiômeros (L e D).

Os enantiômeros são compostos que apresentam a mesma fórmula molecular, mas não se sobrepõem, sendo a imagem especular um do outro.

Em ebulição!

Mistura racêmica é uma mistura em quantidades iguais de dois enantiômeros de uma molécula quiral, que tem um carbono central. Trata-se de uma mistura equimolar, ou seja, com quantidades iguais dos enantiômeros levogiro e dextrogiro.
A mistura racêmica é opticamente inativa por compensação, uma vez que as moléculas levogiras e dextrogiras misturadas cancelam o desvio uma da outra.

Figura 5.17 – Fórmula molecular e estrutural do ácido lático

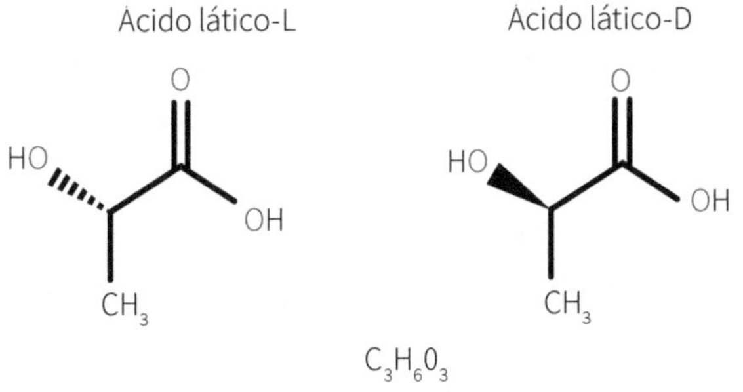

Ácido lático-L   Ácido lático-D

$C_3H_6O_3$

Bacsica/Shutterstock

O ácido lático é produzido por microrganismos que transformam uma matéria-prima açucarada pelo processo de fermentação. Nosso organismo produz ácido lático por meio de nossos músculos quando praticamos alguma atividade que exige muito esforço.

Muitos microrganismos podem ser isolados para a produção específica de ácido lático, como diferentes espécies de algas e de fungos, como leveduras e ficomicetos. Geralmente, são utilizados lactobacilos homofermentativos, que transformam os açúcares em ácido lático em proporções consideráveis – em média, 1 mol de açúcar para produzir 2 mols de ácido lático.

Os fungos *Rhizopus oryzae* têm sido bastante usados em substituição às bactérias homofermentativas, porque exigem menos tempo necessário de fermentação e oferecem mais facilidade de separação do meio fermentado.

Com a escolha dos microrganismos para a produção do ácido lático, sua inoculação deve ser feita em temperaturas em torno de 45 °C a 55 °C, durante 16 a 18 horas. Depois, o inóculo é transferido para um fermentador que já contém o mosto, devendo-se empregar 5% de inóculo em relação ao volume de mosto.

Industrialmente, o mosto pode ser constituído por amido hidrolisado, xarope de dextrose, d-glicose, lactose e sacarose, com concentração de até 12%. Se a concentração de açúcar no mosto for superior a esse valor, durante a fermentação, ocorrerá a cristalização do lactato de sódio, que poderá acumular no fundo do tanque de fermentação.

Em processos não controlados, a fermentação dura de 5 a 10 dias e, em processos controlados, 72 horas. Esse menor tempo de fermentação é possível em processos com controle de pH entre 6,3 e 6,5 e agitação lenta, para que o hidróxido de cálcio se mantenha em suspensão.

Em processos industriais controlados, é possível alcançar rendimentos de 83% a 95% da massa inicial de açúcar utilizado.

A purificação do ácido lático é uma etapa de custo elevado. Ela se inicia com a filtração para remover os sólidos suspensos, os microrganismos e a turbidez. Em seguida, ocorre a precipitação do cálcio do sulfato de cálcio e, depois, a evaporação do filtrado para recuperar o ácido lático.

Na indústria alimentícia, o ácido lático é amplamente utilizado como aditivo em bebidas como refrigerantes, em doces, xaropes e sucos industrializados.

O ácido lático também está presente nas indústrias de embalagens, em que é polimerizado para ácido polilático (PLA). Em razão de sua baixa pegada de carbono, o ácido polilático também tem sido amplamente utilizado como bioplástico, podendo ser produzido pela fermentação, mediante o uso de resíduos como substrato (fermentação lática) e, em seguida, polimerizado para ácido polilático.

Esse polímero também é biodegradável, o que o torna ainda mais interessante para sua aplicação como bioplástico. O PLA tem outras características, como biocompatibilidade e não toxicidade, o que possibilita sua utilização no campo biomédico, em suturas, implantes e dispositivos de liberação de medicamentos. Depois de cumprir sua função, o PLA é gradualmente absorvido pelo corpo, evitando a necessidade de remoção.

5.5 Produção de enzimas associadas a processos alimentícios

As enzimas são proteínas cuja formação ocorre por meio de aminoácidos conectados por ligações peptídicas.

A estrutura primária dessas proteínas é formada por uma sequência linear de aminoácidos, que interagem por meio das ligações peptídicas, organizando-se em arranjos espaciais, denominados *estrutura secundária*, que pode ser do tipo alfa-hélice ou do tipo beta-folha.

A Figura 5.18 ilustra o arranjo do tipo alfa-hélice.

Figura 5.18 – Estrutura das enzimas

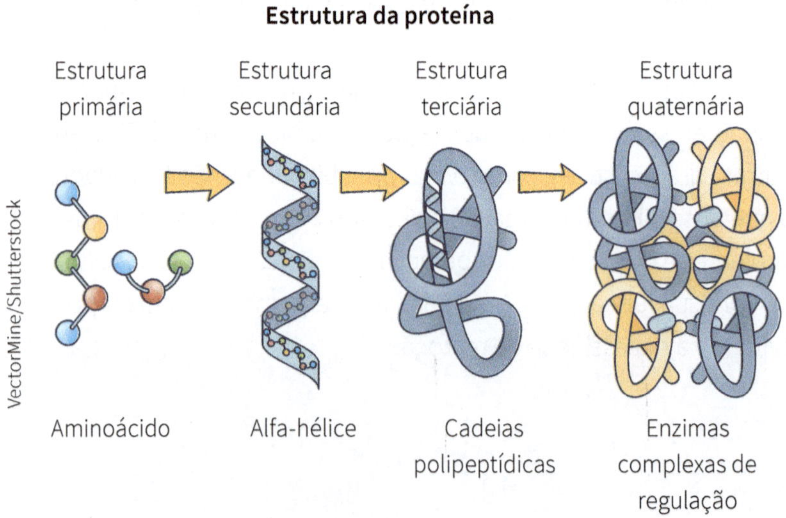

Estrutura da proteína

Estrutura primária → Estrutura secundária → Estrutura terciária → Estrutura quaternária

Aminoácido — Alfa-hélice — Cadeias polipeptídicas — Enzimas complexas de regulação

VectorMine/Shutterstock

Sequencialmente esses aminoácido A formam cadeias polipeptídicas, na chamada *estrutura terciária*, que é resultante de desdobramentos dos aminoácidos. Essa estrutura terciária configura o sítio catalítico da enzima, local responsável pela sua atividade catalítica.

Em algumas enzimas complexas de regulação, pode haver uma estrutura quaternária, formada por interações entre cadeias polipeptídicas e subunidades distintas.

Em ebulição!

A atividade catalítica das enzimas refere-se à sua atuação como catalisadores biológicos. Sua atividade catalítica contribui para reduzir a energia de ativação de uma reação, sem alterar o equilíbrio termodinâmico, o que promove maior velocidade de reação.

As enzimas operam como **catalisadores biológicos**, ou **biocatalisadores**, isto é, auxiliam na aceleração da velocidade das reações, sendo fundamentais para o progresso e a preservação de sistemas biológicos. Em reações enzimáticas, os produtos formados são os mesmos que em reações sem enzimas, uma vez que os catalisadores aumentam a velocidade das reações sem alterar o equilíbrio da reação.

A Figura 5.19 ilustra como funcionam os processos com enzimas. Quando o substrato se liga à enzima, forma-se o complexo enzima-substrato. Essa ligação ocorre no sítio ativo, locais seletivos porque só interagem com um ou alguns tipos de substratos específicos.

A ligação ocorre em virtude da presença dos aminoácidos da enzima, os quais estabelecem ligações covalentes com o substrato, o que faz com que a enzima sofra alguma alteração em seu formato inicial. No entanto, depois da reação enzimática, a enzima retorna à sua conformação original e pode ser novamente utilizada em outra reação.

No momento em que o substrato se liga à enzima, acontece a liberação de uma energia de ligação que favorece a formação do estado de transição, já que reduz a energia de ativação necessária para formar os produtos.

Figura 5.19 – Funcionamento das enzimas como catalisadores biológicos

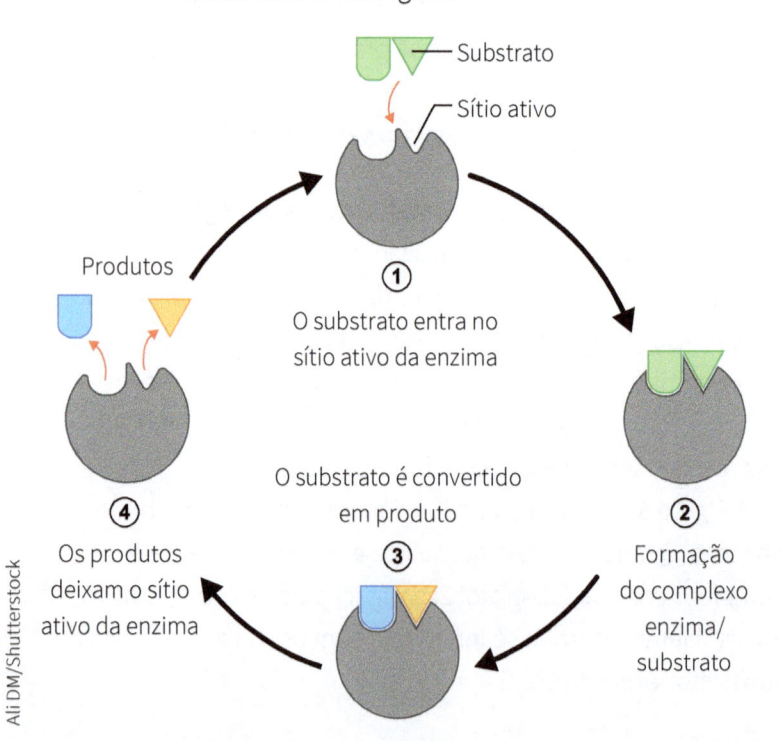

Ali DM/Shutterstock

Durante uma reação química, os reagentes têm certa energia, mas que não é suficiente para a conversão dos produtos. Dessa forma, é necessária a adição de mais energia ao processo, conhecida como *energia de ativação*, que ajuda os reagentes a alcançar o estado de transição necessário para formar os produtos.

Além disso, em alguns processos, é preciso que haja ainda a adição de catalisadores para promover um aumento na velocidade da reação pela redução da energia de ativação da reação.

Portanto, como ilustrado na Figura 5.20, as reações sem o acréscimo de catalisadores, como as enzimas, requerem maior energia de ativação para atingir o estado de transição para produzir os produtos.

Figura 5.20 – Energia de ativação em reações com e sem catalisadores

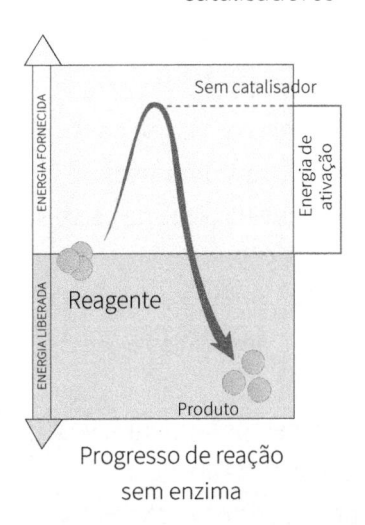

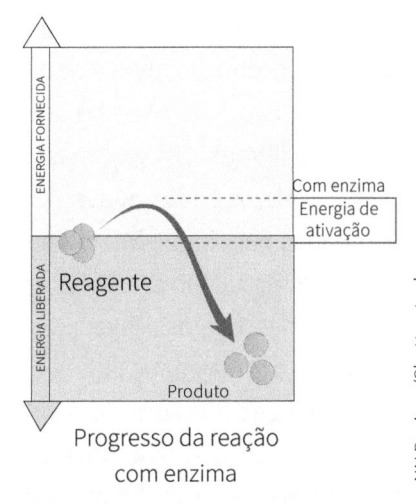

As enzimas são muito importantes no ramo alimentício para a produção de queijos por meio do leite e para a produção de bebidas alcoólicas. Existem, no entanto, poucas variedades de enzimas produzidas em larga escala, em razão do controle rigoroso durante os processos.

Entre as diferentes classes de enzimas, predominam as hidrolases, que contemplam as amilases, as proteases e as pectinases. Em seguida, predominam as enzimas isomerases, que englobam as glicose-isomerases.

Por exemplo, para o processo de panificação e para a produção de massas para bolos e biscoitos, utilizam-se as enzimas α-amilases, responsáveis pela fragmentação do amido em maltose. Para a produção de laticínios, como queijos, usa-se a enzima quimosina, que coagula o leite. Para a produção de bebidas, como as destiladas, empregam-se as enzimas α-amilases e glicoamilases para auxiliar na decomposição do amido em açúcares fermentescíveis.

A indústria cervejeira é a que mais utiliza enzimas em suas etapas de produção: para a decomposição dos açúcares para a fermentação, usam-se as α-amilases e as glicoamilases; para acelerar a filtração, as glucanases; para remover compostos indesejáveis, as pentosanases; para remover a turbidez da cerveja, as enzimas papaínas e bromelinas.

As enzimas estão presentes em todos os seres vivos, inclusive em bactérias, fungos e leveduras, bem como em células e organelas citoplasmáticas.

A produção das enzimas ocorre por processos fermentativos que se dividem sequencialmente pelas etapas de *upstream*, de fermentação propriamente dita e, por fim, de *downstream*.

5.5.1 Etapa de pré-fermentação: *upstream*

As enzimas são produzidas por microrganismos, que podem ser obtidos por meio de isolamento a partir de recursos naturais ou pela compra de culturas de microrganismos prontos, que podem ser mutados ou, ainda, geneticamente modificados. Os microrganismos podem ser bactérias, leveduras e fungos, e a escolha depende do processo fermentativo pretendido.

Após a escolha do microrganismo, que pode ser isolado ou ligado a um suporte sólido, é feito seu cultivo, etapa que ocorre em fermentadores para produzir uma quantidade satisfatória de enzima. Durante o cultivo, é necessário controlar alguns parâmetros do processo para otimizar a produção, dependendo dos microrganismos utilizados e do biocatalisador que será produzido.

Um dos parâmetros mais importantes é o pH, cujo controle é feito de acordo com as enzimas obtidas, porque o pH pode afetar a estrutura das proteínas. A temperatura é outro fator que deve ser controlado, porque altas temperaturas aumentam a velocidade de uma reação enzimática, mas, caso a temperatura seja muito alta, ocorre muita agitação das moléculas e a estrutura das enzimas pode se romper em razão do choque entre elas.

Como abordado anteriormente, durante o cultivo, é fundamental haver bom controle de aeração, de acordo com o microrganismo escolhido, se aeróbico ou anaeróbico. Ademais, é importante proporcionar uma homogeneização adequada do meio, com o uso de agitadores apropriados nos fermentadores.

5.5.2 Etapa de fermentação

Como vimos na Seção 3.1, a fermentação pode ocorrer em substrato sólido ou submerso. Na fermentação em substrato sólido, não se utiliza água durante o processo. Para isso, os microrganismos devem conter umidade suficiente para a fermentação. Um exemplo é a utilização do fungo *Aspergillus oryzae* como substrato em farelo de aveia, como meio sólido, para produzir a enzima *takadiastase*. As enzimas proteases, amilases, celulases e xinalases também podem ser obtidas por fermentação em estado sólido.

Na fermentação em substrato submerso, utiliza-se um meio líquido, em biorreatores, em que é possível controlar as variáveis de pH, agitação, oxigenação e a temperatura. As enzimas como celulases, proteases e amilases podem ser produzidas por fermentação submersa, em batelada alimentada. Um exemplo do uso dessa fermentação é a produção de antibióticos, como a penicilina.

A escolha entre um ou outro desses tipos de fermentação oferece vantagens e desvantagens que dependem dos microrganismos escolhidos, conforme indicamos no Quadro 5.3.

Quadro 5.3 – Principais vantagens e desvantagens de cada tipo fermentação

	Fermentação em substrato sólido	Fermentação submersa
Vantagens	Utilização de substratos baratos.	Manipulação facilitada, com variação nas condições reacionais.
	Volume do meio reduzido, já que quase não possui água.	Garantia de homogeneização entre o meio e o microrganismo.
	Menos investimentos em biorreatores, reduzindo o consumo de energia.	Aumento da produtividade e menor tempo de fermentação.
	Baixa concentração de água minimiza problemas advindos de contaminação.	Possibilidade de esterilização do produto.
	Produtos obtidos em concentrações elevadas.	Absorção e excreção de metabólitos liberados pelos microrganismos são mais eficientes.
Desvantagens	Dificuldade de homogeneização do meio.	Grande volume de meio.
	Restrição a microrganismos capazes de crescer em sistemas de baixa umidade.	Custo elevados dos equipamentos.

Fonte: Sagrillo, 2015, p. 16.

5.5.3 Etapa de pós-fermentação: *downstream*

Após a fermentação, na última etapa – *downstream* –, os sólidos insolúveis são removidos por meio de alguns processos, como filtração, centrifugação ou decantação. Posteriormente, para o isolamento primário das enzimas, ocorrem os processos de extração, precipitação ou ultracentrifugação. Depois, para a purificação e a remoção de impurezas, são realizados os processos de adsorção, cromatografia ou precipitação. Por fim, para o isolamento final da enzima, ocorrem a centrifugação e a secagem.

A enzima pode ser apresentada como líquido concentrado, na forma de cristal ou ainda liofilizada.

O processo de **liofilização** das enzimas é um método para desidratar as proteínas para que tenham um período de estabilidade longo. A liofilização consiste em três processos – (1) congelamento, (2) secagem primária e (3) secagem secundária –, nos quais as enzimas são congeladas e desidratadas pela sublimação em baixas temperaturas. Com a liofilização, as enzimas perdem um pouco da atividade, em razão das alterações que ocorrem em sua conformação. Para atenuar essa perda, utiliza-se um agente estabilizante, como um açúcar ou um poliálcool.

Em ebulição!

Em todos os processos industriais, principalmente no ramo alimentício, são geradas altas quantidades de resíduos que precisam de tratamento e destinação adequada e que, muitas vezes, podem ser reaproveitados em outros processos. Na indústria sucroalcooleira, após os processos de fermentação, é gerado um bagaço, que são os resíduos sólidos das matérias-primas utilizadas. Após os processos de destilação, outro subproduto é gerado, um composto químico líquido conhecido como *vinhaça*, não homogêneo, com uma concentração baixa de álcool e com substâncias orgânicas e inorgânicas menos voláteis. Esse subproduto tem pH mais ácido, em torno de 4, e alta concentração de matéria orgânica. Sem tratamento prévio, a vinhaça não pode ser diretamente descartada no meio ambiente porque pode contaminar o solo e os rios, em virtude das altas concentrações de matéria orgânica e nutrientes, como nitrogênio e fósforo.

Composição sintetizada

Neste capítulo, apresentamos os principais tipos de processamento dos queijos, por meio dos quais podem ser produzidas as mais de mil opções de queijos comercializadas atualmente. Abordamos o processo-base para a produção de pães, leites fermentados, bebidas alcoólicas fermentadas e destiladas.

Destacamos que, por meio de processos fermentativos, é possível produzir ácidos orgânicos, como os ácidos acético, cítrico e lático. O ácido acético é uma substância antisséptica e anti-inflamatória e é o constituinte principal do vinagre. Já o ácido cítrico tem muitas aplicações, sendo empregado como acidulante e antioxidante para a produção de doces de frutas e bebidas, além de compor sabores artificiais de sucos em pó ou nas gelatinas. Ademais, o ácido cítrico é empregado como adstringente na indústria de cosméticos e como anticoagulante na indústria farmacêutica. O ácido lático é utilizado, principalmente, na indústria de alimentos e de bebidas como aditivo. Nas indústrias de polímeros, é usado para a produção do ácido polilático (PLA), uma substância biodegradável.

De maneira geral, esclarecemos como os microrganismos são importantes para produzir diversos produtos de nosso cotidiano por meio de processos fermentativos. Os microrganismos atuam na conversão dos açúcares das matérias-primas na energia necessária para a produção de cada produto. Além disso, são responsáveis pela produção de biocatalisadores, como as enzimas que auxiliam no aumento da velocidade das reações, para a obtenção mais rápida dos produtos e com menor demanda de energia.

Autotestes fermentativos

1. Em uma fábrica de bebidas alcoólicas, foi utilizada uma quantidade de substrato referente a 3,6 kg de glicose para a fermentação. Após esse processo, obteve-se uma produção de 1 500 g de etanol. Assinale a alternativa que indica corretamente o rendimento do processo:
   a) 78,21%.
   b) 81,52%.
   c) 90,33%.
   d) 91,40%.
   e) 92,45%.

2. Considere que, em um processamento industrial de acetificação do vinho, foram empregados 850 litros de um mosto obtido pela fermentação de uvas. Esse mosto já estava diluído para uma concentração alcoólica de 9% v/v. Assinale a alternativa que indica corretamente a concentração de ácido acético nesse vinagre de vinho:
   a) 8,344% v/v de ácido acético.
   b) 8,043% v/v de ácido acético.
   c) 9,043% v/v de ácido acético.
   d) 9,387% v/v de ácido acético.
   e) 10% v/v de ácido acético.

3. Durante o processo de fermentação para a produção de etanol, por meio de X, forma-se Y + Z, conforme a reação global a seguir:
   $X \rightarrow Y + Z$

Assinale a alternativa que indica corretamente quem é X, quem é Y e quem é Z nessa reação:

a) X = etanol; Y = açúcares; Z = dióxido de carbono.
b) X = açúcares; Y = etanol; Z = oxigênio.
c) X = etanol; Y = oxigênio; Z = açúcares.
d) X = açúcares; Y = ácido acético; Z = oxigênio.
e) X = açúcares; Y = etanol; Z = dióxido de carbono.

4. Com relação à natureza das enzimas, avalie as afirmações a seguir e indique V para as verdadeiras e F para as falsas.
( ) Todas as enzimas são proteínas, mas nem todas as proteínas são enzimas.
( ) As enzimas são destruídas/degradadas após a reação enzimática.
( ) Temperatura e pH não são fatores que influenciam a atividade enzimática.
( ) As enzimas atuam como catalisadores de uma reação.

Agora, assinale a alternativa que apresenta a sequência correta:

a) V, F, F, V.
b) F, V, V, F.
c) V, F, V, V.
d) F, F, V, V.
e) V, V, F, F.

5. Assinale a alternativa correta sobre o teor alcoólico do vinho durante a produção do vinagre:
   a) O recomendado é que o teor alcoólico do vinho seja menor do que 8% v/v para facilitar a produção de ácido acético.
   b) Vinhos com muito teor alcoólico podem provocar ação inibidora nos microrganismos e comprometer a produção de ácido acético. Dessa forma, recomenda-se que o vinho não tenha mais do que 4% v/v de álcool.
   c) Deve-se evitar um elevado teor de álcool para não produzir muito ácido acético e provocar a contaminação do vinagre.
   d) O recomendado é que o teor alcoólico esteja entre 8% e 10% v/v para não dificultar o processo de produção do vinagre.
   e) O recomendado pela legislação brasileira é que o teor alcoólico do vinho antes da fermentação seja de, no máximo, 1% v/v.

Aprendizagens industriais

Destilações reflexivas

1. Tendo em vista que os microrganismos são responsáveis pela produção de alimentos presentes em nosso consumo diário, avalie como os microrganismos podem ser, ao mesmo tempo, benéficos e prejudiciais à nossa saúde. Elabore um texto escrito com suas considerações e compartilhe-as com seu grupo de estudos.

2. Considerando os produtos abordados neste livro, avalie se você consome outros alimentos ou bebidas que são produzidos por meio de processos fermentativos. Compartilhe suas preferências com seu grupo de estudos.

Prática concentrada

1. Suponha que você é um técnico em produção de queijos em uma queijaria e está enfrentando um problema com a textura de um lote de queijos. Os queijos estão saindo com uma textura mais dura do que o esperado. Analise a situação e apresente duas possíveis razões para a textura mais dura dos queijos. Descreva também duas ações que você considera corretas para solucionar o problema e obter queijos com a textura desejada. Elabore um relatório com sua resposta.

Capítulo 6

Produção de bebidas alcoólicas

Neste capítulo, apresentaremos os processos de fermentação e de destilação e as peculiaridades da produção de algumas das principais bebidas alcoólicas conhecidas.

Explicaremos a contribuição de cada matéria-prima para a produção dessas bebidas, bem como todas as etapas desses processos: fermentação ou destilação, purificação e envase. Além disso, descreveremos as características sensoriais de cada bebida.

O objetivo do capítulo é elucidar como a fermentação pode ser empregada para a produção de diferentes tipos de bebidas e quais são os principais processos utilizados para cada uma.

6.1 Produção de cervejas

Para a produção de cervejas, são utilizados como matérias-primas básicas o lúpulo, a água e o malte, cujo tipo mais usado é o malte da cevada.

A cevada, no entanto, pode ser parcial ou totalmente substituída por outros carboidratos, como cereais (arroz, trigo, aveia e milho), em função das características que se deseja obter com cada cerveja ou por razões econômicas.

As cervejas também variam no sabor conforme a quantidade de cada ingrediente, do tempo e da temperatura de fermentação e do tipo de lúpulo utilizado.

O malte contém uma fonte importante de amido para a fermentação, uma vez que, durante esse processo, será degradado pelas enzimas em açúcares diretamente fermentáveis pelas leveduras. Como vimos na Seção 2.2, a primeira estratégia para a degradação do amido é usar enzimas, que são formadas durante a germinação de sementes de cereais. Germinada e, posteriormente, seca, a semente é chamada de *malte*, que contém α-amilase (enzima de liquefação do amido), β-amilase (enzima que libera maltose do amido e suas dextrinas), proteases, fosfatases e outras enzimas essenciais para a liberação de nutrientes para a muda jovem em crescimento.

O malte precisa ser processado antes de ser utilizado na produção da cerveja. Para isso, os cereais são mantidos na água para sua germinação; antes, porém, de gerar uma nova planta, os grãos germinados são removidos da água. Depois, os grãos germinados passam pelos processos de lavagem, secagem e torragem.

Figura 6.1 – Malte de cevada para a produção de cerveja

allstars/Shutterstock

Em ebulição!

O amido é um conjunto de polissacarídeos presentes em muitas plantas e em sementes, como os grãos. Os polissacarídeos que formam o amido são a amilose e a amilopectina, que são dois polímeros de glicose. Durante processos de aquecimento, os polímeros são quebrados, liberando a glicose, que são os açúcares consumidos durante processos fermentativos.

O **lúpulo**, ou *Humulus lupulus*, ilustrado na Figura 6.2, é uma flor de origem europeia que, a partir do século XVIII, passou a ser utilizada na produção de cerveja para promover sua **conservação**. No lúpulo, há glândulas entre suas pétalas que liberam ácidos, conhecidos como *alfa* e *beta*.

Cada um desses ácidos é responsável por diferentes características da cerveja. Os ácidos alfa são bacteriostáticos, ou seja, auxiliam para que apenas as leveduras atuem na cerveja e dificultam a ação de microrganismos. Além disso, esses ácidos são os causadores do sabor amargo das cervejas. O amargor ocorre durante o aquecimento, pois eles se isomerizam e se solubilizam em temperaturas mais altas. Dessa maneira, para controlar o amargor das cervejas, é preciso monitorar o tempo de aquecimento. Os ácidos beta colaboram apenas com o sabor das cervejas, pois não se isomerizam.

Figura 6.2 – Flor da planta *Humulus lupulus*

Para a produção da cerveja, são necessárias as etapas de formação do mosto, fermentação, maturação e clarificação, conforme esquematizado na Figura 6.3.

Figura 6.3 – Etapas de produção da cerveja

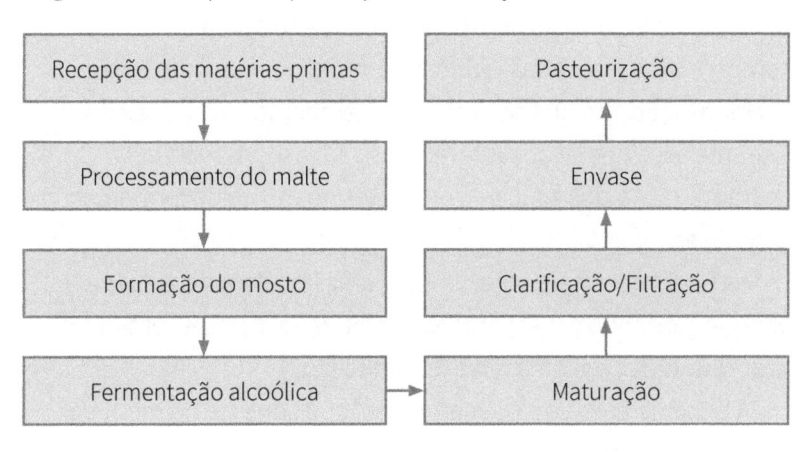

```
Recepção das matérias-primas        Pasteurização
            ↓                             ↑
Processamento do malte              Envase
            ↓                             ↑
Formação do mosto                   Clarificação/Filtração
            ↓                             ↑
Fermentação alcoólica      →        Maturação
```

A etapa de formação do mosto tem início após o processamento do malte. Já torrado, o malte é moído para a exposição do amido. Em seguida, para a formação do mosto, a água é adicionada ao malte, formando uma solução adocicada com bagaço de malte. O mosto é então fervido para a remoção de microrganismos ou outras substâncias mais voláteis indesejáveis. Depois, ao mosto já fervido, mas ainda quente, é adicionado o lúpulo.

A próxima etapa é resfriar o mosto com o lúpulo até a temperatura adequada para a fermentação. Quando resfriada, a mistura é transferida para um tanque em que é adicionada a levedura, para dar início ao processo de fermentação, quando ocorre a conversão dos açúcares, fornecidos pelo amido, em álcool e gás carbônico.

Basicamente, são empregadas as espécies *Saccharomyces Cerevisiae* para **alta fermentação**, em que se opera com temperaturas mais altas, e *Saccharomyces uvarum* para **baixa fermentação**, em que se opera com temperatura mais baixas. Durante a fermentação, as leveduras são responsáveis pela metabolização dos açúcares presentes no mosto da fermentação alcoólica.

Ao final da fermentação, as leveduras floculam dentro do tanque, podendo ser separadas por filtração e, posteriormente, reaproveitadas em uma nova fermentação.

A próxima etapa é a da maturação, que consiste no repouso da cerveja dentro de um tanque de armazenamento, onde ocorre a carbonatação natural em razão da pressão exercida nesse tanque. A carbonatação é a retenção na cerveja do gás carbônico produzido na etapa da fermentação.

Em seguida, é feita a clarificação da cerveja por meio dos processos de centrifugação e de filtração. Com isso, os sólidos, como as leveduras, que ainda estavam presentes na cerveja são totalmente removidos.

Para concluir a produção da cerveja, há ainda a inserção de mais gás carbônico, porque uma parte considerável se perde durante a etapa de clarificação.

Depois, a cerveja é colocada em sua embalagem final, que pode ser em garrafas de vidro ou em latas. Após o envase, ocorre a pasteurização: um rápido aquecimento da bebida a 65 °C seguido de um rápido resfriamento, entre 30 °C a 20 °C.

A pasteurização proporciona maior durabilidade à cerveja, com tempo de validade de seis meses. Feito com a cerveja já em sua embalagem final, o processo elimina qualquer microrganismo que ainda possa estar presente na bebida, evitando, portanto, que ocorra uma nova fermentação. Assim, além de poderem ficar mais tempo na prateleira, as cervejas podem ser acondicionadas em temperatura ambiente.

Existem diversos tipos de cervejas, cujos sabor e aroma variam não apenas pelas matérias-primas utilizadas, mas, principalmente, em razão do modo de fermentação, que pode ser com altas ou baixas temperaturas.

As cervejas alcoólicas apresentam teor de álcool igual ou superior a meio por cento em volume e, obrigatoriamente, devem indicar esse percentual no rótulo (Brasil, 2009).

6.1.1 Cerveja artesanal

As cervejas artesanais são consideradas de melhor qualidade porque os responsáveis pela sua produção – os mestres cervejeiros – podem testar diferentes receitas utilizando diversas matérias-primas para alcançar uma qualidade superior à das fabricadas em escala industrial.

Produzidas em microcervejarias e, portanto, em menor escala, não recebem adição de conservantes e são produzidas com ingredientes mais selecionados, praticamente apenas com os grãos da cevada.

As cervejas sem adição de grãos, como o arroz, o milho e a aveia, são consideradas bebidas puro malte. De acordo com a legislação brasileira, a produção das cervejas puro malte é feita com 100% de malte de cevada em volume como matéria-prima fornecedora dos açúcares para a fermentação alcoólica (Brasil, 2009). Portanto, as bebidas artesanais produzidas apenas com malte de cevada como fonte de açúcar, além de contarem com ingredientes selecionados e de mais qualidade, apresentam maior valor de mercado.

O processo aplicado para a produção das cervejas artesanais é basicamente o mesmo usado para as cervejas tradicionais e comerciais, produzidas em maior escala. A diferença marcante das cervejas artesanais refere-se à variação na coloração, no amargor e no sabor da bebida, além da seleção mais exigente de matérias-primas.

Para as diferentes colorações, são utilizados maltes especiais, em diferentes concentrações, além de uma etapa de torração do malte que proporciona uma coloração mais escura à bebida. A escala para verificar a coloração é a Standard Reference Method (SRM), que varia de 1 a 40. Quanto mais próxima de 1, segundo essa escala, mais clara será a cerveja e, quanto mais próxima de 40, mais escura.

O lúpulo também fornece diferentes variações na cerveja artesanal, como seu potencial de amargor e de concentração de óleos essenciais. A escala utilizada para indicar o amargor da cerveja é a International Bittering Units (IBU). O amargor de cada tipo de cerveja é dosado de acordo com o lúpulo selecionado.

Na produção de cerveja artesanal, o tipo de levedura tem ainda maior atuação na especificação do produto. A cepa mais utilizada é a *Saccharomyces cerevisiae*, mas existem outros microrganismos que foram selecionados e catalogados para produzir cervejas específicas. Por exemplo, há leveduras específicas para a produção de cervejas nos estilos inglês, belga, americano, alemão e australiano.

No Quadro 6.1, descrevemos alguns tipos principais de cervejas artesanais.

Quadro 6.1 – Tipos de cervejas artesanais

Tipo de cerveja	Modo de fermentação
Lager	Produzidas com fermentação a frio, conhecida como *fermentação baixa*, que ocorre em temperaturas que variam entre 6 °C e 12 °C. Seu teor alcoólico é próximo de 5%. Classificam-se em cervejas claras, que são as *pale lagers*, ou em cervejas escuras, que são as *dark lagers*. Há também as *american lagers*, que são cervejas mais leves e mais geladas.
Ales	Produzidas com fermentação alta, que varia de 15 °C a 24 °C. Esse tipo de cerveja foi o primeiro e único produzido até o século XIX. São cervejas mais encorpadas, cujo teor alcoólico varia de 3% a 8%. Sua classificação é de acordo com sua cor: mais claras, como *pale ales*; mais amarronzadas, como *pale brown*; avermelhadas, como *red ales*; ou escuras, como *dark ales*.
Weiss	Cervejas de trigo produzidas também em alta fermentação, com temperaturas próximas de 20 °C, durante três a cinco dias. Sua coloração varia entre um amarelo claro e um dourado. São cervejas de corpo leve ou médio, com teor alcoólico de 4,3% até 5,6%.

Fonte: Elaborado com base em Oliveira, 2015.

6.1.2 Chope

Para a produção do chope, são necessárias as mesmas etapas de produção da cerveja, porém o chope **não passa pela etapa de pasteurização**, a qual promove estabilidade microbiológica.

Por essa razão, a validade do chope é menor em comparação com a da cerveja e é preciso que seja acondicionado sob refrigeração. Se o chope ficar armazenado em prateleiras em temperatura ambiente, os microrganismos ainda presentes iniciarão uma nova fermentação, impedindo o consumo. O chope fora da refrigeração tem duração de três a quatro dias. Já o chope refrigerado tem validade de 30 a 120 dias.

6.1.3 Cerveja sem álcool

A cerveja sem álcool sofre interferência no processo de fermentação, mas é um desafio interromper ou remover o álcool sem comprometer o conteúdo de extrato da cerveja.

Existem duas estratégias para produzir cerveja sem álcool: (1) processos de restrição da formação do álcool na etapa de fermentação do mosto; (2) processos de remoção do álcool após a fermentação, ou seja, a cerveja é produzida de modo convencional e remove-se o álcool com a cerveja pronta.

De acordo com a legislação brasileira, as cervejas sem álcool são aquelas cujo **teor alcoólico é menor ou igual a meio por cento em volume**. A bebida é, portanto, considerada sem álcool e não é necessário indicar esse pequeno percentual no rótulo (Brasil, 2009).

Atualmente, tem havido mais investimentos em novas possibilidades de produção de cervejas sem álcool para tentar manter as características sensoriais e organolépticas da bebida depois de passar por processos de desalcolização.

6.2 Produção de vinhos

De acordo com o Decreto n. 8.198, de 20 de fevereiro de 2014, que regulamenta a Lei n. 7.678, de 8 de novembro de 1988, o vinho é uma bebida produzida pela fermentação alcoólica do mosto da uva sã, fresca e madura (Brasil, 2014).

Dependendo das espécies de uvas, são produzidos diferentes tipos de vinhos. Além disso, ainda que da mesma espécie, conforme a região de plantio ou a variação do clima, a cada colheita se obtêm também diferentes uvas, que variam em suas características e proporcionam diferentes sabores e aromas ao vinho.

Outro fator que pode alterar as características do vinho é a temperatura durante o processo de fermentação. Da mesma forma, as etapas de produção variam conforme o tipo de vinho.

Basicamente, os vinhos podem ser tintos, com a cor roxa característica das uvas tintas; brancos, fabricados com uvas brancas ou tintas sem a película, por isso com uma coloração mais clara e mais transparente; ou *rosés*, com uma coloração mais clara do que a dos tintos e mais escura do que a dos brancos. Em outras palavras, o que determina a cor do vinho é o tempo de contato com as películas (cascas) da uva: quanto mais contato, mais escuro o vinho.

Os vinhos podem ser classificados quanto à classe como: (i) vinhos de mesa, produzidos por meio de uvas de mesa, ou seja, aquelas que estamos acostumados a comer, com 8,6% a 14% de álcool; (ii) leves, cuja graduação alcoólica é de 7° a 9,9° g/l; finos, produzidos com uvas específicas, como Cabernet Sauvignon, Syrah, Malbec e Merlot; (iii) espumantes, que apresentam bastante gás carbônico em sua composição a uma pressão superior a 5 atm; frisantes, com menor concentração de gás carbônico e com pressão próxima a 0,5 atm; (iv) licorosos, obtidos pela fermentação do bago da uva e com altos teores de álcool, entre 15% a 18%, e de açúcar, como o vinho do Porto; (v) compostos, feitos com a adição de ervas aromáticas, açúcares e várias substâncias maceradas, além das uvas com 14% a 20% de álcool.

Além disso, os vinhos são classificados quanto ao teor de açúcares totais, em grau Brix (calculado em g/l de sacarose), como: (i) secos, ou *dry*, cujo teor máximo deve ser 40 °Bx; (ii) meio doces ou meio secos, entre 40,01 °Bx e 80,0 °Bx; e (iii) doces, com teor de, no mínimo, 80,01 °Bx. Um grau Brix (1 °Bx) é igual a 1 grama de açúcar por 100 gramas de solução, ou 1% de açúcar.

Em ebulição!

Grau Brix (Bx) é uma medida de concentração de açúcares cuja escala indica o índice de refração ou desvio da luz em uma solução, sendo que uma unidade Brix representa 1 g de sólido solúvel em 100 g de solução. Dessa forma, o grau Brix indica a concentração de um açúcar, como a sacarose, dissolvido no caldo de fermentação. O refratômetro é o aparelho utilizado para medir a escala em grau Brix.

6.2.1 Produção de vinho tinto

Os vinhos tintos foram os primeiros a serem produzidos, estando entre os vinhos mais encorpados. Para sua produção, empregam-se uvas tintas, que são separadas por espécie e devem estar em boas condições.

Figura 6.4 – Etapas de produção do vinho tinto

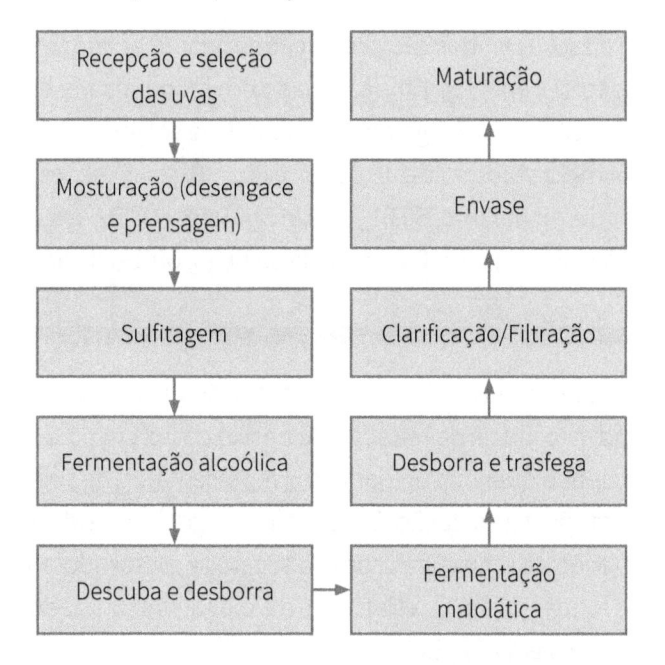

```
Recepção e seleção das uvas                Maturação
            ↓                                  ↑
Mosturação (desengace e prensagem)          Envase
            ↓                                  ↑
      Sulfitagem                    Clarificação/Filtração
            ↓                                  ↑
  Fermentação alcoólica              Desborra e trasfega
            ↓                                  ↑
  Descuba e desborra  →           Fermentação malolática
```

Depois de selecionadas, as uvas passam para a etapa da mosturação, constituída pelos processos simultâneos de desengace e de prensagem. O desengace consiste na separação das bagas das uvas do engaço, que é o esqueleto de sustentação do cacho da uva. Para o desengace, são utilizadas máquinas esmagadoras-desengaçadoras. Depois, as bagas das uvas passam pelo processo de esmagamento ou prensagem, com o uso de prensas.

Figura 6.5 – Anatomia da uva

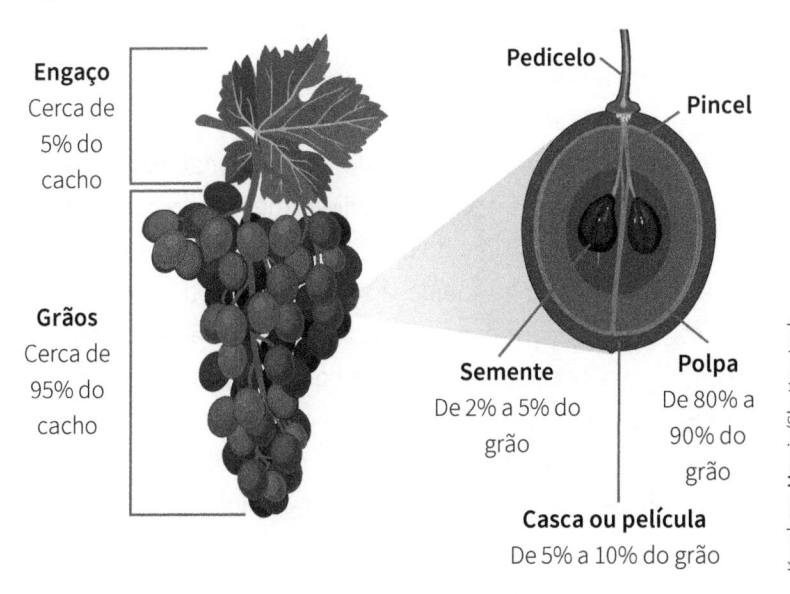

Engaço
Cerca de 5% do cacho

Grãos
Cerca de 95% do cacho

Pedicelo

Pincel

Semente
De 2% a 5% do grão

Polpa
De 80% a 90% do grão

Casca ou película
De 5% a 10% do grão

Kazakova Maryia/Shutterstock

Depois da mosturação, a próxima etapa é a da sulfitagem, que consiste na adição de dióxido de enxofre, conhecido também como *anidrido sulfuroso* ou *gás sulfuroso* (SO_2). O anidrido sulfuroso é um gás incolor que pode ser adicionado ao vinho por borbulhamento direto na forma de gás ou na forma de solução.

O SO_2 tem ações antisséptica, antioxidante, de seleção sobre as leveduras, de inibição de enzimas oxidásicas, de solubilizante e de regulação da temperatura. Portanto, a sulfitagem promove a conservação dos vinhos.

A etapa seguinte é a da fermentação alcoólica. Antes dela, pode ser feita a correção do pH, se necessário, bem como a adição de açúcar. Para a fermentação alcoólica, é utilizada a levedura *Saccharomyces cerevisiae*, que transforma os açúcares em etanol. Posteriormente, é feita a fermentação malolática com o uso das bactérias *Leuconostoc e Lactobacillus* para a conversão do ácido málico em ácido lático.

Entre cada fermentação, há também etapas de descuba e de desborra para remover as fases sólidas presentes no líquido fermentado. Para isso, o líquido sai do tanque por gravidade, por uma válvula no fundo. Depois, o líquido fermentado é bombeado para outro recipiente. O líquido que ficar retido na borra é prensado e misturado ao líquido já separado.

Na sequência, ocorrem as etapas para a clarificação, como a de precipitação dos tartaratos, para conferir maior limpidez ao vinho. Essa etapa consiste na remoção de sais que, com o tempo, podem cristalizar, formando pequenos sólidos no vinho. Para isso, é possível utilizar o ácido metatartárico, que impede a cristalização e a precipitação desses sais, ou resfriar os vinhos para promover a cristalização destes e a posterior remoção por filtração.

Concluídas essas etapas, o vinho é engarrafado e envelhecido por alguns meses ou anos.

Em sua composição, os vinhos tintos apresentam maior concentração de polifenóis totais do que os vinhos brancos. Os polifenóis são compostos químicos naturalmente presentes nas uvas, sobretudo nas cascas. Esses compostos são responsáveis por muitas características sensoriais do vinho, como cor, sabor, aroma e textura. Os polifenóis totais incluem diversas subclasses, como taninos, antocianinas, flavonóis e flavanóis.

Os taninos são os polifenóis mais proeminentes nos vinhos e contribuem para a sensação de adstringência e estrutura na boca. As antocianinas são responsáveis pela cor vermelha ou roxa dos vinhos tintos. Os flavonóis e os flavanóis contribuem para os aromas florais e frutados dos vinhos.

Os polifenóis totais têm propriedades antioxidantes, podendo ter efeitos benéficos para a saúde quando consumidos com moderação. Além disso, eles desempenham um papel importante na longevidade e no envelhecimento dos vinhos, pois interagem com o oxigênio ao longo do tempo, resultando em mudanças nas características organolépticas do produto.

A diferença na concentração de polifenóis entre os vinhos tintos e os brancos se dá, principalmente, pela presença das cascas das uvas durante a fermentação dos vinhos tintos, que faz com que ocorra maior extração dos polifenóis. Já na produção dos vinhos brancos, as cascas das uvas são removidas antes da fermentação. O processo produtivo dos vinhos brancos será abordado em detalhes na próxima seção.

6.2.2 Produção de vinho branco

Em comparação aos vinhos tintos, os vinhos brancos exigem uma tecnologia enológica mais refinada, pois são necessárias intervenções técnicas durante as etapas de mosturação e de fermentação desse tipo de vinho.

A produção dos vinhos brancos ocorre pela fermentação dos mostos sem as partes sólidas das uvas brancas, ou sem a maceração das partes sólidas das uvas brancas, que são as sementes e, principalmente, a película (casca) da uva. Os vinhos brancos podem ser obtidos também por meio das partes líquidas das uvas tintas, desde que a fermentação ocorra sem contato com a película das uvas.

Existem diferentes tipos de cultivares de uvas brancas que são empregadas para a produção dos vinhos brancos; assim, quando as uvas são recepcionadas antes de entrar no processo, são identificadas as cultivares, já que cada cultivar é vinificada separadamente e produz vinhos de diferentes valores agregados.

Em ebulição!

Cultivares são variedades de plantas de diferentes espécies vegetais que se destinam à produção agrícola e resultam de programas de melhoramento vegetal.

Além disso, na recepção das uvas, avalia-se seu aspecto geral e retira-se uma amostra para análises físico-químicas. Nessa etapa, também é feita a pesagem das uvas para calcular o rendimento do processo e as quantidades de dióxido de enxofre, enzimas e leveduras a serem adicionadas na sequência.

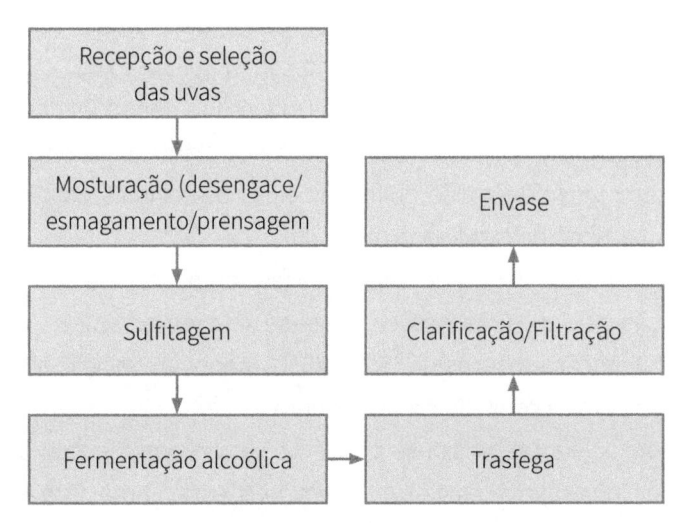

Figura 6.6 – Etapas de produção do vinho branco

```
┌─────────────────────┐
│ Recepção e seleção  │
│      das uvas       │
└──────────┬──────────┘
           ▼
┌─────────────────────┐        ┌─────────────────────┐
│ Mosturação (desengace/│      │       Envase        │
│ esmagamento/prensagem)│      └──────────▲──────────┘
└──────────┬──────────┘                   │
           ▼                              │
┌─────────────────────┐        ┌─────────────────────┐
│     Sulfitagem      │        │ Clarificação/Filtração│
└──────────┬──────────┘        └──────────▲──────────┘
           ▼                              │
┌─────────────────────┐        ┌─────────────────────┐
│ Fermentação alcoólica│──────▶│      Trasfega       │
└─────────────────────┘        └─────────────────────┘
```

Depois, as uvas são encaminhadas para a etapa de mosturação, que consiste na extração do mosto e contempla três fases. A primeira fase é o desengace, em que é feita a separação do engaço das bagas da uva. A segunda é o esmagamento das bagas para a separação da polpa e do suco das partes sólidas (película e sementes). A terceira é a prensagem do mosto, ou seja, da polpa e do suco das uvas. Essa etapa ocorre apenas para a produção dos vinhos brancos, visto que seu processo se dá apenas com a parte líquidas das uvas.

Depois da extração do mosto, ocorre a sulfitagem, com a adição de gás sulfuroso (SO_2). Em seguida, é feita a clarificação do mosto, que antecede a etapa da fermentação, para conferir uma acidez mais controlada, mais frescor e uma coloração mais clara e mais estável ao vinho.

Para isso, eliminam-se partículas em suspensão no mosto que podem atribuir sabores e aromas indesejáveis ao vinho. A clarificação do mosto pode ser feita com a utilização de equipamentos como centrífugas e filtros, sendo denominada *clarificação dinâmica*, ou com a utilização de clarificantes em conjunto com refrigeração, sulfitação e uso de enzimas, caso em que é chamada de *clarificação estática*.

Com o mosto clarificado, é feita sua fermentação. Para a produção de vinhos brancos, emprega-se uma temperatura de fermentação em torno de 15°C a 20 °C, menor em relação à utilizada para a produção de vinhos tintos.

Como leveduras, utiliza-se a espécie *Saccharomyces cerevisiae* ou a *Saccharomyces cerevisiae* var. *bayanus*, esta última para a produção de vinhos com teor alcoólico mais alto.

Ao término da fermentação, a etapa seguinte é a de trasfega, para a separação do líquido das borras que ficaram depositadas no fundo do fermentador. Para isso, o líquido fermentado é transferido para outro recipiente, e essa etapa pode ser feita quantas vezes forem necessárias.

Em seguida, vem a etapa de precipitação dos tartaratos, para conferir maior limpidez ao vinho. Por fim, ocorre outra etapa de clarificação e de filtração tal como se fez para a clarificação do mosto. Para a clarificação, podem ser empregados clarificantes mais complexos e eficientes; para a filtração, podem ser utilizados filtros de placas de celulose e os de membrana para que o vinho tenha maior limpidez e estabilização microbiológica.

Depois disso, os vinhos brancos estão prontos e podem ser envasados sem a adição de gás carbônico.

6.2.3 Produção de vinho *rosé*

Os vinhos *rosés* recebem esse nome em razão de sua tonalidade rosada, que pode variar desde o rosa-pálido até o rosa escuro. Esses vinhos passam por um processo de fabricação particular que os diferencia dos vinhos tintos e dos vinhos brancos.

Esse tipo de vinho é considerado um intermediário entre os vinhos tintos e os vinhos brancos. Os vinhos tintos se destacam pela variedade de origem e pela presença de substâncias fenólicas, como os antocianos, responsáveis pela cor; já os vinhos brancos são apreciados por suas características de frutado, frescor e leveza. Por sua vez, os vinhos *rosés* apresentam semelhanças com os vinhos tintos em virtude da utilização de variedades de uvas tintas e da presença de uma pequena quantidade de antocianos e taninos. Ao mesmo tempo, compartilham semelhanças com os vinhos brancos em termos de frescor e técnicas de vinificação.

A elaboração dos vinhos *rosés* requer cuidado e atenção para alcançar a cor, o aroma e o sabor desejados. Por meio da combinação de técnicas de elaboração de vinhos tintos e de vinhos brancos, é possível obter vinhos *rosés* com uma cor rosa atraente, aromas frutados e uma delicada frescura.

O processo de produção dos vinhos *rosés* começa com a colheita das uvas, geralmente com a seleção de variedades com as características desejadas para a produção desse tipo de vinho. Podem ser apenas uvas tintas ou uma mistura de uvas tintas e brancas.

As uvas passam pelo processo de desengace, removendo-se os cachos e as folhas indesejáveis. A etapa seguinte é a maceração, que consiste em deixar as uvas em contato com suas cascas por um curto período. Esse contato é controlado para extrair uma quantidade específica de cor e de sabores das cascas. O tempo de maceração pode variar, resultando em intensidade de cor e sabor diferentes.

Após a fermentação, os vinhos *rosés* passam por um processo de clarificação e estabilização, no qual sedimentos e impurezas são removidos para garantir transparência e estabilidade.
Em seguida, os vinhos são filtrados e engarrafados, prontos para serem apreciados.

Tendo em vista a diversidade de técnicas utilizadas na produção dos vinhos *rosés*, é difícil chegar a uma definição tecnológica única; no entanto todos os vinhos *rosés* podem ser caracterizados pela sua cor intermediária entre os tintos e os brancos.

6.3 Produção de hidromel

O hidromel é considerado o produto fermentado mais antigo de que se tem conhecimento. Acredita-se que ele tenha sido criado no continente africano, migrando depois para a Europa. Existem relatos sobre coletas de mel desde 8 000 a.C. aproximadamente. No entanto, atualmente, o hidromel não é uma bebida muito produzida e consumida.

Embora seja uma bebida alcoólica pouco conhecida, é regulamentada pela legislação brasileira. De acordo com o Decreto n. 6.871, de 4 de junho de 2009, que regulamenta a Lei n. 8.918, de 14 de julho de 1994, o hidromel é uma bebida com teor alcoólico entre 4% e 14% em volume, a uma temperatura de 20 °C, produzida pela fermentação de uma solução de mel de abelha com adição de sais e água (Brasil, 2009).

Reação interessante

Além de o hidromel ser conhecido no mundo dos "trouxas", ele também é famoso no mundo bruxo: em diversos trechos dos livros e dos filmes de Harry Potter, é citado o consumo de hidromel. Conhecido também como "néctar dos deuses", o hidromel aparece em obras relacionadas à mitologia nórdica. No filme *Vingadores: Era de Ultron*, vemos Thor bebendo hidromel, e o personagem ainda diz: "Ah, não, este aqui foi envelhecido durante mil anos, nos barris feitos dos destroços da frota de Grunhel, não foi feito para os mortais".

A matéria-prima principal do hidromel é, portanto, o mel, uma solução concentrada de açúcares como glicose e frutose, além de enzimas, aminoácidos, hidratos de carbono, ácidos orgânicos, minerais, pigmentos, substâncias aromáticas e grãos de pólen.

Para sua produção, utilizam-se também água e aditivo como conservantes para a preservação da bebida contra microrganismos que ainda possam estar presentes após seu engarrafamento. Para a produção de hidroméis com frutos ou com ervas aromáticas, adiciona-se a polpa ou o suco de frutos na etapa da produção do mosto, como uva, pêssego, mirtilo, framboesa, cereja, maçã e damasco.

A primeira etapa para a produção do hidromel é a preparação do mosto, que consiste na diluição do mel com água até alcançar uma concentração de sólidos solúveis de 22 °Bx. A concentração de açúcares deve ser controlada para que não ocorra inibição dos microrganismos por excesso de açúcar. O pH do mosto deve estar em uma faixa entre 3,7 e 4.

Figura 6.7 – Etapas de produção do hidromel

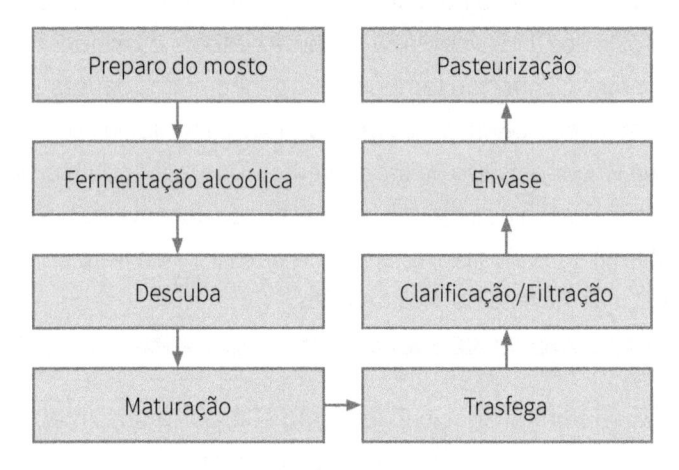

```
Preparo do mosto          →    Pasteurização
      ↓                              ↑
Fermentação alcoólica            Envase
      ↓                              ↑
   Descuba                 Clarificação/Filtração
      ↓                              ↑
  Maturação         →          Trasfega
```

Para a etapa da fermentação, são utilizadas, geralmente, as cepas da levedura *Saccharomyces cerevisiae*. O processo fermentativo ocorre, comumente, de forma descontínua a 18 °C. A concentração de levedura seca a ser empregada deve ser de, no mínimo, 0,5% m/v. A fermentação é concluída quando a concentração em grau Brix do fermentado permanece inalterada.

Após a etapa da fermentação, é feita a descuba, ou seja, a separação da borra (parte sólida) do fermentado líquido. Essa separação ocorre por gravidade ou por bombeamento da parte líquida para outro recipiente.

Essa etapa ocorre sete a dez dias após o término da fermentação, para que a borra que vai se depositando no fundo do fermentador fique mais esse tempo em contato com o líquido fermentado, aumentando a qualidade da bebida.

Depois da descuba, o fermentado fica por um tempo em repouso, na etapa de maturação, que é feita sem oxigênio, em temperatura de 10 °C a 12 °C e por um intervalo que pode variar entre um e seis meses. Na maturação, ocorre o aprimoramento dos compostos aromáticos que fazem parte do hidromel, por isso é uma etapa muito importante.

Finalizada a maturação, a etapa seguinte é a de trasfega, o deslocamento do líquido fermentado para outro tanque, com a finalidade de separar o líquido da borra que foi se depositando durante a maturação. Podem ser realizadas mais etapas de trasfega em intervalos de tempo a serem determinados de acordo com as características da bebida de interesse.

Além da trasfega, há a etapa de clarificação, que consiste em utilizar clarificantes e em passar o fermentado por filtros para a remoção de levedura e de sólidos que ainda possam se encontrar em suspensão.

Após a etapa de clarificação, o hidromel pode ser envasado para, finalmente, passar para a última etapa, a pasteurização.

A pasteurização serve para aumentar a validade das bebidas, como já explicamos. Para o hidromel, o recomendado é que essa etapa ocorra a 62,5 °C por 15 minutos ou a 63 °C por 5 minutos.

6.4 Produção de sidra

A sidra é uma bebida produzida pela fermentação alcoólica de maçãs. Suas características dependem do local de produção e da variedade das maçãs utilizadas como matéria-prima principal.

A produção de sidra contribui para o aproveitamento das maçãs *in natura* que não são aceitas pelo mercado consumidor por apresentar algum machucado ou coloração desuniforme.

Figura 6.8 – Bebida alcoólica: sidra

Jan Danek jdm.foto/Shutterstock

De acordo com o Decreto n. 6.871/2009, que regulamenta a Lei n. 8.918/1994, a sidra é uma bebida alcoólica de graduação entre 4% e 8% em volume, a 20 °C. Sua produção é feita por meio do mosto de maçã fresca, sã e madura e/ou do suco concentrado de maçã, sendo permitida a adição de água e de alguns aditivos, como dióxido de enxofre (SO_2) e ácido ascórbico (Brasil, 2009).

No Brasil, as maçãs mais utilizadas para a produção de sidra são dos tipos Gala e Fuji, em razão da alta escala de plantação. Essas cultivares são adocicadas, de acidez e compostos fenólicos baixos, o que proporciona uma boa qualidade à sidra brasileira. A recomendação é que o fruto seja utilizado quando estiver maduro porque, nesse estágio, os amidos presentes na maçã estão sendo convertidos em açúcares fermentescíveis.

Após a seleção das maçãs maduras, ocorrem a lavagem dos frutos e a trituração ou moagem, seguidas da prensagem para fazer a drenagem e a evacuação do mosto.

A Figura 6.9 reproduz uma imagem das maçãs em uma prensa manual, por meio da qual se obtém o suco de maçã, que será o mosto na etapa da fermentação. Em escala industrial, obviamente, são utilizadas prensas hidráulicas, elétricas, de pistão ou de esteira.

Figura 6.9 – Prensa manual para a produção caseira de sidra de maçã

Beekeepx/Shutterstock

Após a obtenção do mosto, a etapa seguinte é a da fermentação, que contempla a fermentação principal e a malolática.

Como já citamos, os processos de produção da sidra dependem do país de origem. No Brasil, adiciona-se anidro sulfuroso em concentrações de 30 a 50 mg/l ao mosto, na etapa chamada de *sulfitagem*.

O SO_2 proporciona ação antisséptica e antioxidante aos microrganismos para que não ocorra um estágio de fermentação oxidativa, que é responsável por fortes aromas frutais e florais nas sidras produzidas em outras regiões, como na França. A sidra brasileira, portanto, tem características mais neutras de aroma e sabor.

Figura 6.10 – Etapas de produção da sidra

```
Recepção e seleção das maçãs            Maturação
            ↓                               ↑
    Limpeza das maçãs                    Envase
            ↓                               ↑
Lavagem/Trituração ou moagem         Estabilização
            ↓                               ↑
        Prensagem                  Fermentação malolática
            ↓                               ↑
        Sulfitagem                 Fermentação alcoólica
            ↓                               ↑
      Despectinação      →      Clarificação e trasfega
```

Após a sulfitagem, ocorre a etapa de despectinização, para remover a pectina, um tipo de fibra solúvel presente nas maçãs que, se não for extraída, liga-se a pigmentos derivados da oxidação dos compostos fenólicos, escurecendo a sidra. Para remover a pectina, promovem-se reações de hidrólise enzimática e betaeliminação para degradar os polissacarídeos e descaracterizá-los como sistemas coloidais.

Depois disso, o mosto passa por processos de clarificação e de trasfega. A clarificação consiste em aplicar um processo de flotação. Com o mosto clarificado, ele é trasfegado para os fermentadores, que são tanques de aço inoxidável.

Para dar início à fermentação do mosto, primeiramente, é feita a inoculação da levedura *Saccharomyces cerevisiae*, que foi anteriormente seca. A ativação da inoculação ocorre por um período de 15 a 20 minutos em água ou no mosto, em temperatura média de 38 °C a 40 °C.

Finalizada a inoculação, inicia-se a fermentação, que pode durar de 7 a 15 dias. Esses microrganismos consomem praticamente todo o açúcar disponível, sedimentam-se ao final do processo e são bem tolerantes à presença de álcool e de SO_2.

Na fermentação alcoólica, primeiramente, ocorre a etapa da glicólise, que transforma os açúcares maiores em açúcares menores, de três carbonos, para produzir o piruvato e a energia (NADH). Em seguida, ocorre a etapa da fermentação propriamente dita, em que são produzidos o dióxido de carbono e o etanol, por meio do piruvato, como vimos, em detalhes, na Seção 5.2.1, do Capítulo 5.

Concluída a fermentação alcoólica do mosto de maçã, ocorre a fermentação malótica, ou secundária. Para essa etapa, utilizam-se microrganismos do gênero *Oenococcus*, especialmente *Oenococcus oeni*, que provocam uma reação de descarboxilação para transformar o ácido L-málico em ácido L-lático. Essa reação reduz a acidez da sidra e torna a bebida mais receptiva ao paladar.

A fermentação malótica tem ótima atividade em temperaturas em torno de 20 °C a 25 °C e em pH menor do que 4,5. Essa etapa pode demorar de três a seis meses.

Ao término da fermentação, a sidra é gaseificada por um processo artificial, denominado *carbonatação*. Essa gaseificação é feita com a sidra já na garrafa, sua embalagem final.

A sidra atinge, em média, a concentração de 5 g/l de CO_2. Para que tenha essa efervescência, a pressão recomendada pela legislação brasileira durante o processo deve ser de 2 a 3 atm. Caso seja menor, o produto terá pouca efervescência e, se for maior, poderá transbordar no momento da abertura da garrafa.

Além disso, o teor alcoólico da sidra deve variar entre 4% a 8% em volume, a uma temperatura de 20 °C (Brasil, 2009).

6.5 Produção de bebidas destiladas

As bebidas destiladas são produzidas por meio da fermentação de matérias-primas que contêm açúcares fermentescíveis ou resultantes de hidrólise de açúcares maiores, seguidas do processo de destilação. As bebidas que são destiladas têm maior concentração de álcool em sua composição do que as bebidas que são apenas fermentadas.

A destilação é um processo de separação de componentes líquidos de uma mistura, com base em suas diferenças de volatilidade. Durante o processo de destilação, a mistura é aquecida até atingir o ponto de ebulição do componente mais volátil; no caso de bebidas alcóolicas, o componente mais volátil é o álcool. O álcool, parte da água e também outras substâncias voláteis se transformam em vapor e são conduzidos para um condensador, onde ocorre o resfriamento, convertendo o vapor novamente em líquido. O líquido condensado é coletado como o produto desejado da destilação.

As principais etapas de produção são iguais para todas as bebidas destiladas. A primeira etapa, como esquematizado na Figura 6.11, é o preparo da matéria-prima, que abrange moagem, hidratação, filtração, decantação, secagem e/ou torrefação.

Figura 6.11 – Etapas principais para a produção de bebidas destiladas

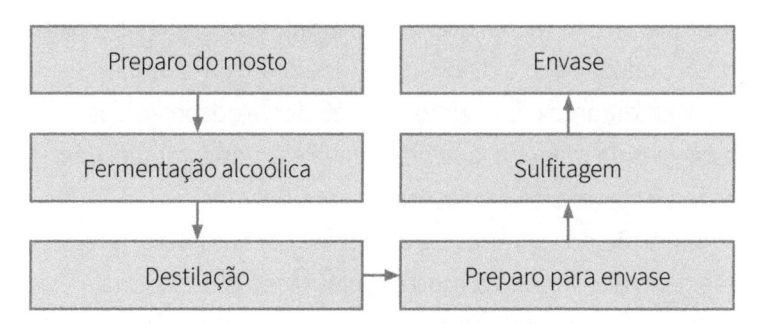

```
Preparo do mosto            Envase
      ↓                        ↑
Fermentação alcoólica       Sulfitagem
      ↓                        ↑
Destilação      →      Preparo para envase
```

A principal diferença entre as várias bebidas destiladas, que propicia suas particularidades no sabor e no aroma, é a matéria-prima utilizada em cada uma. Outra diferença marcante é o tempo de maturação: há as que envelhecem por longos períodos, como o uísque, e as que levam um tempo de maturação menor, como a cachaça.

Além disso, o tipo de madeira dos barris para a maturação influencia as características de cada bebida. O tipo mais comum de recipiente para maturação são os barris de carvalho.

Em ebulição!

A maturação é um processo comum para as bebidas destiladas e significa envelhecimento, pois é um período em que as bebidas ficam em repouso, descansando. O tempo de maturação deve ser de, no mínimo, três a seis meses, mas pode durar por anos. A maturação ocorre em recipientes fechados, como os barris, cujas madeiras proporcionam às bebidas diferentes características de aroma, sabor e coloração.

Durante a maturação, ocorrem diferentes processos químicos, como a oxidação dos aldeídos, que reduz o incômodo das vias nasais durante o consumo das bebidas; a adsorção das substâncias da madeira, que propicia diferentes características às bebidas; e o aumento da viscosidade das bebidas.

A interação dos compostos da bebida com as fibras da madeira no decorrer do tempo de maturação proporciona à bebida maturada novos aroma, sabor e cor, os quais resultam em um caráter mais amadeirado e que é mais valorizado.

Existem diversas bebidas destiladas, como tequila, cachaça, uísque, rum, gim e vodca.

A **tequila** é uma bebida originalmente do México, cuja fermentação ocorre pela planta agave mexicana. Antes da fermentação, a agave passa por um processo de hidrólise química, enzimática ou térmica e, depois, por um processo de extração para disponibilizar seus açúcares para a fermentação.

Para a fermentação da tequila, normalmente, utilizam-se o suco do agave e uma solução concentrada de outros açúcares. Como microrganismos, usam-se leveduras secas ou liofilizadas do gênero *Saccharomyces*, tanto para a tequila quanto para outras bebidas, como rum e uísque.

Posteriormente à fermentação, ocorre a concentração alcoólica por meio da destilação até teores que podem variar de 36% a 54% em volume. Além disso, a tequila pode, ou não, ser envelhecida em barris de carvalho, dependendo das características da bebida pretendida.

A destilação dos mostos fermentados é feita para recuperar o álcool produzido na etapa da fermentação. Ademais, na destilação, são resgatados todos os componentes de odores agradáveis, bem como o glicerol e os álcoois superiores que proporcionam o corpo da bebida.

Outra função da destilação é a de separar os ácidos graxos da parte que vai evaporar, para que não façam parte do produto e contribuam, por exemplo, para a turbidez indesejada das bebidas.

Figura 6.12 – Etapas de produção da tequila

Colheita e seleção — Agave — Trituração

Destilação — Maturação — Envase

O **rum**, assim como a **cachaça**, é produzido exclusivamente pela fermentação do caldo da cana-de-açúcar, antes de passar pela destilação.

Para o rum, o processo de destilação ocorre até uma concentração do álcool de 36% a 54% em volume. Além disso, o rum pode ser acondicionado em barris de carvalho para envelhecer, o que lhe atribuirá outras características de aroma e de sabor. Já a cachaça apresenta um teor alcoólico que varia de 38% a 48% em volume.

Figura 6.13 – Barris de carvalho para envelhecimento das bebidas destiladas

Shchipkova Elena/Shutterstock

A **vodca** é uma bebida obtida por meio da fermentação de tubérculos e de cereais e cujo teor alcoólico pode variar entre 36% a 54% em volume. Quando são utilizados tubérculos, como beterraba e batata, depois da destilação, é necessário realizar a etapa de retificação para remover os sólidos presentes na bebida.

A fermentação do **uísque** (em inglês, *whisky* ou *whiskey*) ocorre por meio de cereais do malte ou de cereais não maltados. Após a destilação, o uísque pode alcançar teores de álcool que variam de 38% a 54% em volume. Posteriormente, o uísque é envelhecido em barris de carvalho.

Figura 6.14 – Etapas de produção do uísque

Cereais	Trituração	Fermentação

Destilação	Maturação	Envase

Anastasia Panfilova/Shutterstock

Com uma concentração alcoólica de 35% a 54% em volume, o **gim** é conhecido como uma aguardente derivada de cereais. Depois da fermentação e da destilação, em geral, é aromatizado com *zimbro*, nome popular dado ao arbusto *Juniperus communis*, vegetal comum na Europa, cujos óleos essenciais proporcionam diferentes aromas e sabores ao gim. O gim não passa pelo processo de maturação, ou envelhecimento.

Composição sintetizada

Neste capítulo, apresentamos as etapas de produção de diversas bebidas alcoólicas e das cervejas sem teor alcoólico.
Com relação às bebidas alcoólicas, destacamos que são produzidas de maneira comum, por meio de alguma fonte de amido, que proporciona os açúcares necessários para a fermentação, em que se utilizam alguns microrganismos, como as leveduras. Durante a etapa da fermentação, os açúcares são consumidos pelos microrganismos para a produção de etanol.

Também explicamos que as bebidas destiladas, ao final da fermentação, passam por uma ou mais etapas de destilação, para concentrar o teor alcoólico. Existem bebidas destiladas, como o uísque, que são envelhecidas em barris de carvalho, para adquirir sabores e aromas específicos nessa etapa de maturação.

Autotestes fermentativos

1. Com relação às bebidas fermentadas, avalie as afirmações a seguir e indique V para as verdadeiras e F para as falsas.
   ( ) A matéria-prima principal do hidromel é o mel, mas é possível adicionar outros ingredientes, como frutos ou ervas aromáticas.
   ( ) A sidra é uma bebida produzida pela fermentação alcoólica de maçãs.
   ( ) A sidra é considerada o produto fermentado mais antigo.
   ( ) Para a produção do hidromel, são desenvolvidas a etapa da fermentação alcoólica e a da fermentação malolática.

Agora, assinale a alternativa que apresenta a sequência correta:

a) V, V, F, F.
b) F, F, V, V.
c) V, V, V, V.
d) F, V, V, F.
e) V, F, V, F.

2. Com relação às bebidas destiladas, analise as afirmações a seguir e indique V para as verdadeiras e F para as falsas.
   ( ) Depois da fermentação e da destilação, a tequila é normalmente aromatizada com um fruto chamado *zimbro*.
   ( ) A fermentação do uísque é realizada por meio de cereais do malte ou de cereais não maltados.
   ( ) O gim é produzido exclusivamente pela fermentação do caldo da cana-de-açúcar, antes de passar pela destilação.
   ( ) Rum é uma bebida original do México, cuja fermentação é feita por meio da planta agave mexicana.

Agora, assinale a alternativa que apresenta a sequência correta:

a) F, V, F, F.
b) F, V, V, F.
c) F, F, V, F.
d) V, V, V, V.
e) V, F, V, F.

3. Assinale a alternativa que apresenta a sequência correta de processos para a produção de vinhos:
   a) Fermentação alcoólica, clarificação e filtração, mosturação, fermentação alcoólica, fermentação malolática e envase.
   b) Clarificação e filtração, mosturação, fermentação alcoólica, fermentação malolática e envase.
   c) Fermentação alcoólica, fermentação malolática, mosturação, clarificação e filtração e envase.
   d) Mosturação, fermentação alcoólica, fermentação malolática, clarificação e filtração e envase.
   e) Mosturação, fermentação alcoólica, fermentação malolática, envase e clarificação e filtração.

4. Analise as afirmativas a seguir sobre os constituintes da cerveja e indique V para as verdadeiras e F para as falsas.
   ( ) A água é o constituinte principal da cerveja. Em média, são consumidos 1 000 litros de água para produzir 100 litros de cerveja durante seu processo de fabricação.
   ( ) O lúpulo confere sabor e aroma adocicado às cervejas.
   ( ) O malte é um grão da cevada que passou pelo processo de malteação para transformar os grãos, deixando-os com muitas enzimas, responsáveis pela redução do amido em açúcar.
   ( ) As leveduras são microrganismos que transformam açúcar em álcool.

Agora, assinale a alternativa que apresenta a sequência correta:

a) F, F, V, V.
b) V, F, F, V.
c) V, F, V, V.
d) V, V, F, F.
e) F, F, V, F.

5. Analise as afirmativas a seguir sobre os objetivos de cada etapa de processo descrita e indique V para as verdadeiras e F para as falsas.

( ) A filtração tem a finalidade de remover impurezas para que a bebida não seja turva e tenha maior limpidez.
( ) A carbonatação tem a função de injetar CO_2 para fornecer as características de formação de espuma e de paladar das bebidas.
( ) A maturação é realizada para todas as bebidas fermentadas, com o intuito de promover uma nova fermentação para aumentar a estabilidade das bebidas.
( ) A pasteurização é um processo de esterilização com o objetivo de submeter a bebida a um rápido aquecimento (até 60 °C) seguido de um rápido resfriamento (até 4 °C).

Agora, assinale a alternativa que apresenta a sequência correta:

a) V, V, V, F.
b) V, V, F, V.
c) V, F, F, V.
d) V, V, F, F.
e) F, V, V, V.

Aprendizagens industriais

Destilações reflexivas

1. Por que bebidas envelhecidas são mais valorizadas? Qual é a diferença entre as bebidas com maturação e as sem maturação?

2. Se a etapa de fermentação fosse realizada a temperaturas muito altas, acima de 40 °C, o que aconteceria?

Prática concentrada

1. Suponha que você é um enólogo em uma vinícola e está enfrentando um problema com a fermentação de um lote de vinho. Durante a fermentação, você percebe que a atividade fermentativa está abaixo do esperado, resultando em baixa produção de álcool. Analise a situação e identifique duas possíveis razões para a baixa atividade fermentativa e a baixa produção de álcool. Descreva também duas ações corretas para solucionar o problema e obter uma fermentação adequada e uma produção de álcool satisfatória. Elabore um relatório com suas considerações.

Ensaios finais

A fermentação, tema principal deste livro, é a transformação de uma sustância por meio de um metabolismo microbiano, com a formação de outras substâncias orgânicas. O conteúdo abordado nos seis capítulos desta obra abrangeu diversos assuntos relacionados aos processos fermentativos para produção na indústria.

No ramo industrial, a fermentação é realizada para a fabricação de produtos de alto valor agregado ou de importância comercial. Diante disso, é preciso avaliar as matérias-primas utilizadas, o meio de cultura, os aditivos, os processos e todo o sistema de operação e controle dos equipamentos empregados. Como destacamos, os equipamentos usados para a fermentação são os reatores, também chamados *biorreatores* ou apenas *fermentadores*. Os biorreatores podem ser operados em batelada, de modo descontínuo ou contínuo.

No ramo de alimentos e bebidas, os processos fermentativos são utilizados para diversas finalidades, como produção de pães e produtos lácteos, como queijos e leites fermentados; produção de ácidos orgânicos, como cítricos, láticos e acéticos; produção de enzimas, como biocatalisadores; produção de bebidas alcoólicas, como cervejas, vinhos, sidras, hidromel, rum, uísque, gim e tequila.

Esperamos que os conceitos e exemplos apresentados tenham sido esclarecedores para ampliar e aprimorar os conhecimentos acerca dos processos fermentativos.

Referências

ANVISA – Agência Nacional de Vigilância Sanitária. **Anvisa disponibiliza consolidado da legislação brasileira de aditivos alimentares**. Brasília, 30 jan. 2014.

ANVISA – Agência Nacional de Vigilância Sanitária. Instrução Normativa n. 211, de 1º de março de 2023. **Diário Oficial da União**, Brasília, DF, 8 mar. 2023. Disponível em: <https://www.in.gov.br/en/web/dou/-/instrucao-normativa-in-n-211-de-1-de-marco-de-2023-468509746>. Acesso em: 25 ago. 2023.

BRASIL. Decreto n. 6.871, de 4 de junho de 2009. **Diário Oficial da União**, Poder Executivo, Brasília, DF, 4 jun. 2009. Disponível em: <https://www.planalto.gov.br/ccivil_03/_ato2007-2010/2009/decreto/d6871.htm>. Acesso em: 25 ago. 2023.

BRASIL. Decreto n. 8.198, de 20 fevereiro de 2014. **Diário Oficial da União**, Poder Executivo, Brasília, DF, 21 fev. 2014. Disponível em: <https://www.planalto.gov.br/ccivil_03/_ato2011-2014/2014/decreto/d8198.htm>. Acesso em: 25 ago. 2023.

BRASIL. Decreto n. 19.717, de 20 de fevereiro de 1931. **Diário Oficial da União**, Poder Executivo, Rio de Janeiro, RJ, 13 mar. 1931. Disponível em: <https://www.planalto.gov.br/ccivil_03/decreto/1930-1949/D19717impressao.htm>. Acesso em: 25 ago. 2023.

BRASIL. Lei n. 7.678, de 8 de novembro de 1988. **Diário Oficial da União**, Poder Executivo, Brasília, DF, 9 nov. 1988. Disponível em: <https://www.planalto.gov.br/ccivil_03/leis/1980-1988/l7678.htm>. Acesso em: 25 ago. 2023.

BRASIL. Lei n. 8.918, de 14 de julho de 1994. **Diário Oficial da União**, Poder Executivo, Brasília, DF, 15 jul. 1994. Disponível em: <https://www.planalto.gov.br/ccivil_03/LEIS/L8918.htm>. Acesso em: 25 ago. 2023.

BRASIL. Ministério da Agricultura, Pecuária e Abastecimento. Instrução Normativa n. 6, de 3 de abril de 2012. **Diário Oficial da União**, Poder Executivo, Brasília, DF, 4 abr. 2012. Disponível em: <https://pesquisa.in.gov.br/imprensa/jsp/visualiza/index.jsp?data=04/04/2012&jornal=1&pagina=16&totalArquivos=156>. Acesso em: 25 ago. 2023.

BRASIL. Ministério da Agricultura, Pecuária e Abastecimento. Portaria n. 75, de 5 de março de 2015. **Diário Oficial da União**, Poder Executivo, Brasília, DF, 6 mar. 2015. Disponível em: <https://www.udop.com.br/legislacao-arquivos/80/mapa_port_%2075_e_resol_cima%2001_2015_27_por_centro.pdf>. Acesso em: 25 ago. 2023.

BRASIL. Ministério da Saúde. Secretaria de Vigilância Sanitária. Portaria n. 540, de 27 de outubro de 1997. **Diário Oficial da União**, Poder Executivo, Brasília, DF, 28 out. 1997. Disponível em: <https://bvsms.saude.gov.br/bvs/saudelegis/svs1/1997/prt0540_27_10_1997.html>. Acesso em: 25 ago. 2023.

BROWN, T. A. et al. **Bioquímica**. Rio de Janeiro: Guanabara Koogan, 2018.

ELANDER, R. P.; CHANG, L. T. Microbial Culture Selection. In: PEPPLER, H. J.; PERLMAN, D. (Ed.). **Microbial Technology**. 2. ed. Massachusetts, EUA: Academic Press, 1979. p. 243-302. Disponível em: <https://www.sciencedirect.com/science/article/abs/pii/B9780125515023500177?via%3Dihub>. Acesso em: 25 ago. 2023.

FOGLER, H. S. **Cálculo de reatores**: o essencial da engenharia das reações químicas. São Paulo: LTC, 2014.

LIMA, U. de A. (Org.). **Processos fermentativos e enzimáticos**. São Paulo: Blucher, 2001. (Coleção Biotecnologia Industrial, v. 3).

MARTIN, J. G. P.; LINDNER, J. de D. **Microbiologia de alimentos fermentados**. São Paulo: Blucher, 2022.

MATOS, S. P. de. **Processos de análise química**: contexto histórico e desenvolvimento industrial. São Paulo: Érica, 2014.

OLIVEIRA, V. da G. **Processos biotecnológicos industriais**: produção de bens de consumo com o uso de fungos e bactérias. São Paulo: Saraiva, 2015.

PLESSI, M. Vinegar. In: CABALLERO, B. **Encyclopedia of Food Sciences and Nutrition**. 2. ed. Massachusetts, EUA: Academic Press, 2003. p. 5996-6004. Disponível em: <https://doi.org/10.1016/B0-12-227055-X/01251-7>. Acesso em: 25 ago. 2023.

RIZZON, L. A. Sistema de produção de vinagre. **Sistemas de Produção**, n. 13, dez. 2006. Disponível em: <https://sistemasdeproducao.cnptia.embrapa.br/FontesHTML/Vinagre/SistemaProducaoVinagre/introducao.htm>. Acesso em: 25 ago. 2023.

SAGRILLO, F. S. et al. **Processos produtivos em biotecnologia**. São Paulo: Saraiva, 2015.

SCHMIDELL, W. **Biotecnologia industrial**. 2. ed. São Paulo: Blucher, 2021. (Engenharia Bioquímica, v. 2).

SEMKIV, M. V. et al. 100 Years Later, What Is New in Glycerol Bioproduction? **Trends in Biotechnology**, v. 38, n. 8, p. 907-916, Aug. 2020. Disponível em: <https://doi.org/10.1016/j.tibtech.2020.02.001>. Acesso em: 25 ago. 2023.

VENTURINI FILHO, W. G. (Coord.). **Bebidas alcoólicas**: ciência e tecnologia. 2. ed. São Paulo: Blucher, 2016. (Série Bebidas, v. 1).

WDCM – World Data Centre for Microorganisms. **Culture Collections Information Worldwide**, 2022. Disponível em: <https://ccinfo.wdcm.org/statistics>. Acesso em: 25 ago. 2023.

WOOD, B. J. B. Fermentation, Origins and Applications. In: **Reference Module in Food Science**. Amsterdam: Elsevier, 2016. Disponível em: <https://www.sciencedirect.com/science/article/abs/pii/B9780081005965001359?via%3Dihub>. Acesso em: 25 ago. 2023.

XU, Z.; SHI, Z.; JIANG, L. Acetic and Propionic Acids. In: MOO-YOUNG, M. (Ed.). **Comprehensive Biotechnology**. 2. ed. Massachusetts, EUA: Academic Press, 2011. p. 189-199. v. 3. Disponível em: <https://doi.org/10.1016/B978-0-08-088504-9.00162-82011>. Acesso em: 25 ago. 2023.

Matéria-prima comentada

FOGLER, H. S. **Cálculo de reatores**: o essencial da engenharia das reações químicas. São Paulo: LTC, 2014.

    O autor apresenta uma visão abrangente e objetiva dos principais tópicos relacionados ao projeto e ao cálculo de reatores químicos, como os princípios fundamentais das reações químicas, a cinética das reações e a seleção do tipo de reator adequado para diferentes processos. São descritos modelos matemáticos para a análise de reatores ideais e não ideais, bem como métodos de cálculo de conversão, rendimento e seletividade. O autor também explora tópicos avançados, como reatores em série e em paralelo, além de abordar estratégias de controle de temperatura e catálise. O livro é uma ferramenta indispensável para estudantes e profissionais interessados no projeto e otimização de reatores.

HORNINK, G. G. **Princípios da produção cervejeira e as enzimas na mosturação**. Alfenas: Unifal, 2022.

    Essa obra apresenta uma visão abrangente sobre a produção de cerveja. O autor explora os princípios fundamentais da produção cervejeira, com ênfase nas enzimas envolvidas no processo de mosturação, e aborda temas como malteação, atividade enzimática, temperatura e pH ideais para a mosturação. Além disso, discute a influência das enzimas na qualidade final da cerveja. Com um estilo claro e acessível, a obra é uma referência valiosa para estudantes e entusiastas da produção cervejeira.

SCHMIDELL, W. **Biotecnologia industrial**. São Paulo: Blucher, 2020. (Engenharia Bioquímica, v. 1).

Esse livro é uma obra essencial que aborda os principais tópicos relacionados à biotecnologia industrial e fornece uma visão abrangente sobre os fundamentos e aplicações dessa área. Os capítulos tratam de temas como bioprocessos, engenharia enzimática, biotransformações, produção de biomoléculas, biorrefinaria, biocombustíveis e bioenergia. Além disso, são explorados aspectos sobre bioprodução, biosseparação, biorreatores e técnicas analíticas. O autor apresenta conceitos teóricos e exemplos práticos, analisando a interface entre a biologia e a engenharia. É uma referência valiosa para profissionais, estudantes e pesquisadores da área de biotecnologia industrial, fornecendo conhecimentos essenciais para o desenvolvimento e a aplicação de processos biotecnológicos em diversos setores industriais.

SCHMIDELL, W. **Biotecnologia industrial**. 2. ed. São Paulo: Blucher, 2021. (Engenharia Bioquímica, v. 2).

Esse livro aborda uma ampla gama de tópicos relacionados à engenharia bioquímica. Os vinte capítulos que compõem o livro tratam dos principais temas da área, como microrganismos e meios de cultura utilizados na indústria, métodos para controle da esterilização de equipamentos, tipos de biorreatores e suas formas de operação, disponibilizando informações detalhadas sobre sua construção e funcionamento. A análise, a modelagem e a simulação de bioprocessos também são enfocadas, com a apresentação de equações e técnicas para a compreensão e a otimização desses processos. O livro ainda inclui capítulos dedicados à avaliação econômica dos processos biológicos, fornecendo ferramentas para análise de viabilidade e tomada de decisão.

VENTURINI FILHO, W. G. (Coord.). **Bebidas alcoólicas**: ciência e tecnologia. 2. ed. São Paulo: Blucher, 2016. (Série Bebidas, v. 1).

Nesse volume da Série Bebidas, são tratados diversos tópicos relacionados à produção e à tecnologia de bebidas alcoólicas, como química e bioquímica da fermentação, tipos de bebidas alcoólicas, processos de destilação e de envelhecimento. O autor discute a formulação das bebidas, a seleção de ingredientes e o controle de qualidade por meio de análises físico-químicas e sensoriais. É leitura essencial para profissionais e estudantes, fornecendo conhecimentos abrangentes sobre a ciência e a tecnologia envolvidas na produção de bebidas alcoólicas.

Gabarito metabólico

Capítulo 1

Autotestes fermentativos

1. c
2. d
3. b
4. c
5. d

Capítulo 2

Autotestes fermentativos

1. c
2. a
3. b
4. c
5. e

Capítulo 3

Autotestes fermentativos

1. a
2. e
3. b
4. e
5. a

Capítulo 4

Autotestes fermentativos

1. b
2. c
3. e
4. b
5. a

Capítulo 5

Autotestes fermentativos

1. b
2. d

3. e

4. a

5. d

Capítulo 6

Autotestes fermentativos

1. a
2. b
3. d
4. c
5. b

Sobre as autoras

Gabriele Kuhn Dupont é doutoranda em Engenharia Química pela Universidade Federal do Paraná (UFPR), mestre em Ambiente e Tecnologias Sustentáveis pela Universidade Federal da Fronteira Sul (UFFS) e graduada em Engenharia Química pela Universidade Regional Integrada do Alto Uruguai e das Missões (URI). Atualmente, é professora nos cursos de Química do Centro Universitário Internacional Uninter e coordenadora de laboratório. Desenvolve pesquisas voltadas para processos biotecnológicos, reaproveitamento de resíduos e modelagem matemática.

Isabela Karina Della-Flora é doutoranda em Engenharia Química pela Universidade Federal de Santa Catarina (UFSC) e pela Friedrich-Alexander-Universität Erlangen-Nürnberg, mestre em Ambiente e Tecnologias Sustentáveis pela Universidade Federal da Fronteira Sul (UFFS) e graduada em Engenheira Ambiental e Sanitária pela mesma universidade. Desenvolve pesquisas nas áreas de bioprocessos e de saneamento, especificamente biorremediação de ambientes contaminados, tratamento de efluentes e biossíntese de nanopartículas.

Os papéis utilizados neste livro, certificados por instituições ambientais competentes, são recicláveis, provenientes de fontes renováveis e, portanto, um meio responsável e natural de informação e conhecimento.

FSC
www.fsc.org
MISTO
Papel | Apoiando o manejo florestal responsável
FSC® C103535

Impressão: Reproset